城郊新农村建设丛书

城郊农村如何维护农民经济权益

编著者　董景山　佟占军

金盾出版社

内 容 提 要

本书为“城郊新农村建设丛书”的一个分册，是城郊农民学法用法、维护农民经济权益的极好教材。内容包括：城郊各级政府和干部在维护农民合法经济权益中的责任和作用，城郊农民如何维护劳动权益、如何维护在经济合同关系中的合法权益、如何维护生产经营权益及维护合法经济权益的途径。书中除有针对性地详细阐述相关法律法规外，还以举案说法的形式加以说明，通俗易懂，实用性强，适合广大农民、进城务工农民工及农村各级政府广大干部阅读参考。

图书在版编目(CIP)数据

城郊农村如何维护农民经济权益/董景山，佟占军编著.—北京：金盾出版社，2006.3

(城郊新农村建设丛书)

ISBN 978-7-5082-3951-4

Ⅰ.城… Ⅱ.①董…②佟… Ⅲ.法律-基本知识-中国 Ⅳ.D920.4

中国版本图书馆 CIP 数据核字(2006)第 009947 号

金盾出版社出版、总发行

北京太平路 5 号(地铁万寿路站往南)

邮政编码：100036 电话：68214039 83219215

传真：68276683 网址：www.jdcbs.cn

封面印刷：北京精彩雅恒印刷有限公司

正文印刷：北京兴华印刷厂

装订：双峰装订厂

各地新华书店经销

开本：850×1168 1/32 印张：5.75 字数：137 千字

2009 年 6 月第 1 版第 4 次印刷

印数：27001—42000 册 定价：9.00 元

城郊新农村建设丛书编委会

序

全面建设小康社会重点在农村，难点也在农村。党中央审时度势、高屋建瓴，适时提出了建设社会主义新农村的重大历史任务。党的十六届五中全会提出社会主义新农村建设的宏伟目标是：生产发展、生活宽裕、乡风文明、村容整洁、管理民主，这五个方面体现了经济建设、政治建设、文化建设、社会建设四位一体的发展布局，为我们清晰地勾画出了社会主义新农村的美好前景和实现途径。

多年来，以北京农学院院长王有年教授为代表的一大批长期致力于城郊农业、农民与农村问题以及都市型现代农业研究的专家、学者，一直坚持“立足京郊，服务三农”的方针，以科教文为主导战略，以科教兴村为主线，开展了形式多样的科教兴村富民活动，结合城市郊区的实际情况，摸索出了许多各具特色的解决城市郊区“三农”问题的模式与经验，取得了丰硕的成果。春江水暖鸭先知，党的十六届五中全会决议公布后，他们及时领悟到了党中央英明决策的时代内涵和作为研究“三农”问题的学者所肩负的历史使命。他们深切地感受到，城市郊区与传统意义上的农村具有不同的特点，而且，城市郊区在新农村建设，乃至实现社会主义小康社会宏伟目标方面具有举足轻重的地位。基于上述认识，从 2004 年 4 月开始，北京农学院的部分学者、专家与同样负有使命感的金盾出版社的同志们就开始研究如何编写一套体现城市郊区特点的、适合广大农村基层干部和有一定文化水平农民阅读的普及性丛书，其目的在于认真总结科教兴村的理论与实践，形成规律性认识，从而使全国的科教兴村工作水平不断提高。同时，借鉴近年来涌现出的新理论和新技术，以科教兴村为载体更好地推进城郊新农村建设步伐。因此，编委会以服务城郊新农村建设为宗旨，以强村富民为中心，围绕都市农业、结构调整、科技需求、农产品贸易、组织创新、小城镇建设等热点问题，提炼出14个专题，分别成册。

各分册作者均为工作在相关领域教学、科研第一线的中青年专家、学者，他们大多具有硕士、博士学位。他们长期致力于“三农”问题的研究，始终用自己所学的知识服务于京郊大地，把论文写在京郊大地上，对京郊乃至全国农业、农村、农民问题有着深切的感受和较多的关注，在相关领域均做出不菲成绩。在编写过程中，他们融合了北京市社科基金项目“科教兴村的理论与实证研究”取得的成果，以实际、实用、实效和突出新理念与新科技为原则，体现时代性、科学性和前瞻性，融思想的先进性、知识的可读性和实践的可操作性于一体。经过一年多的不懈努力，广泛征求各方面的意见，精益求精，几易其稿，终于完成了编写任务。功夫不负有心人，整套丛书深入浅出，通俗易懂，特色鲜明，针对性和实用性强。

我认为，建设社会主义新农村是一个长期奋斗的过程，需要付出艰苦的努力。改革开放以来，我国人民在党的领导下，凭着自己的智慧、能力和汗水，取得了经济社会发展的巨大成就，也初步走出了一条生产发展、生活富裕、生态良好的文明发展道路。广大农民群众在改革发展的实践中，迸发出无穷智慧，创造了无数奇迹。今天，我们正站在一个新起点上，我相信，这套丛书肯定会成为农村、特别是城郊农村干部与群众的好帮手，对其他地区的农村干部和群众也具有重要的指导意义。

这套丛书也为即将迎来的北京农学院五十周年华诞献上一份

重重的厚礼。我衷心祝愿，北京农学院广大师生能够传承先进文化，推广现代科技，培育新型农民，为社会主义新农村建设做出新贡献，创造辉煌成就。

农业部原副部长
中国农学会名誉会长

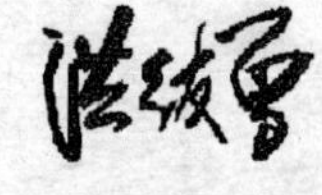

二〇〇六年二月六日

目录

第一章　政府在维护农民经济权益中的责任和作用

城郊农民合法经济权益的保护与城郊各级政府和干部是否很好地履行职能密切相关。城郊各级政府和干部要坚持“以人为本”,坚持科学的发展观,坚持依法行政。城郊各级政府和干部应该是作为公民的农民权益的实施保护者,即应是农民权益的维护者和建设者。全国各地城郊要最终实现社会主义和谐新城郊的美好局面,迫切需要各级政府与时俱进、因地制宜地转变职能、履行职能。

一、公共服务职能

从当前农村实际情况看,农村最缺乏的是服务,政府能够提供而且应该提供的也是服务,为“三农”服务工作的空间和潜力都很大。农村基层工作应该尽快改变服务工作滞后、服务能力弱、服务水平低、服务效果差的状况,围绕提高农业综合生产能力、保护和发展粮食生产能力这个主题,以促进农民增收为核心,结合当地实际,在农业生产、农民生活和农村发展各个环节,为农民提供全方位服务,重点抓好政策法规服务、农技培训服务、市场信息服务、劳务输出服务、计划生育服务等。要建立服务渠道,明确工作职责,建立长效机制,确保“三农”服务工作落到实处。

(一)建立“三农”社会化服务新体系

以农民需求为导向,着力构建服务“三农”新体系,可以按照政事分开和公益性职能与经营性职能分开的原则,整合乡镇现有事

业站所，依据经济区域和服务范围设置经济技术服务中心和社会发展服务中心。积极推进事业单位人事制度改革，在公益性服务机构可以实行全员聘用制，建立职工薪酬与服务绩效挂钩的绩效工资制。政府可以通过委托代理、合同承包、向市场购买服务等方式，让社会经营组织为“三农”提供公益服务。

要认真解决农村生产经营中农资供应、技术信息、资金资本等方面存在的问题。针对目前广大农村普遍存在的就业难、就医难、子女上学难、贫困户脱贫难等问题和现象，各地要建立健全行之有效的帮扶救助和保障机制，充分体现以人为本的思想，充分体现社会主义的优越性。

（二）各级政府应当完成从管理型政府向服务型政府的转变

过去基层政府主要行使的是行政管理职能，随着社会的变革，城郊农村更多的需要是政府在生产、经营、农民外出打工等各个方面相关问题的咨询、专业技术的传授和支援、专业技能的培训等服务。因此，各级政府要及时转换角色，转换政府职能。按照有所为有所不为的原则，适当调整经济管理职能，提高社会管理和公共服务水平，加强乡镇政府自身改革，进一步巩固农村基层政权，建设服务型、法制型政府。

乡镇经济工作的主要任务是加强政策引导、制定发展规划、服务市场主体和营造发展环境，促进经济发展和农民收入较快增长。把政府不该管、管不了的事交给企业、社会组织和中介机构。努力提高农业综合生产能力，推进农业和农村经济结构调整，推动农村富余劳动力向城镇和非农产业转移。

乡镇工作应更多地转到促进社会事业发展和构建和谐社会上。加快农村教育、科技、卫生和文化事业改革和发展。努力做好计划生育工作。巩固完善农村义务教育管理体制改革，健全以政府投入为主的经费保障机制，加大对农村义务教育支持力度。认

真制定和实施村庄规划,大力推进社会主义新农村建设。重视帮助贫困群众脱贫致富,切实解决困难群众基本生活问题。加强农村土地承包管理。加强普法宣传教育,建立健全农村矛盾纠纷排查调处机制,加强农村社会治安综合治理,做好农村稳定工作。提高保障公共安全、组织抗灾抢险和处置突发事件的能力。广泛推行乡村为民服务全程代理制,方便农民群众办事。

(三)各级干部要放弃"官本位"的思想,增强服务意识

城郊各级政府干部也要针对政府职能的转变调整自身的工作意识,从原来的以管理意识为主的理念转变为以服务意识为主的理念。尤其是一些技术干部,如农业技术干部等,更应自觉地增强服务意识,甘愿做个"不谋官、只为民"的公仆。

(四)加强农村基层干部职务犯罪的预防

1. 狠抓政治素质教育,努力提高干部遵纪守法、廉洁自律的自觉性 要强化农村基层干部"三个代表"的学习教育和党风廉政建设教育,树立正确的人生观、世界观和价值观。在讲敬业、讲奉献精神的同时,还要讲艰苦奋斗、勤俭办事,与农民广大农民同甘苦,带领群众脱贫致富奔小康。结合"四五"普法,加强对基层干部的法制教育,使其学法、懂法和守法,提高廉洁自律、拒腐防变的能力。

2. 加强制度建设,堵漏建制,防微杜渐 一要建立健全各项规章制度。在财务管理上,严格按照会计法、审计法、现金管理条例等法律法规的规定建章立制,做到依法办事、有章可循、运作规范,对容易出现问题的环节建立相应的防范措施。二要加强对预算外资金、专项资金票据的管理,避免产生小金库。三要加强村级财务管理。村(社)财务人员也要像其他行业一样持证上岗,各司其职,各负其责。上级及有关职能部门要加强对村级财务工作的

领导和指导,防止脱管,并定期或不定期进行检查和审计。村级财务要如实向群众公开,让群众了解资金的收支使用情况。村务公开要真抓,不能停留在表面。四要加强对票据的正规化管理力度,尽力避免违法犯罪分子钻票据使用的空子隐瞒收入、虚报冒领等情况的发生。

3. 强化监督,形成全方位预防职务犯罪的监督体系 一是强化上级对下级领导的监督。严格做到党政分开,避免党政领导到企业或经济实体兼职,更要避免领导干部直接管钱管物、集决策者和财务人员于一身的错误做法。上级对口行政主管部门应加大对乡镇职能部门的监督,特别是资金使用管理等方面。二是财政、审计部门要经常定期或不定期督促检查,这有利于发现问题,及时处理,达到防微杜渐的目的。三是强化群众监督和舆论监督,对直接涉及群众切身利益的部门要实行公开办事制度,坚持公平、公正、公开的原则。四是要加强党的领导和监督,主要是要坚持民主集中制原则和请示报告等制度。

二、保护农民职能

保护的实质是维护农民的合法权益,特别是维护农民的基本的生存权、生产权。比如,由于农村人口居住较分散、有文化的青壮年外出较多、农民自我保护意识和能力较差、农村基层执法力量薄弱等一系列原因,农村一些地方盗窃犯罪事件不断发生,黑恶势力抬头;假冒伪劣产品“上山下乡”,劣质农资和食品流入农村,农业的正常生产和农民的食品安全受到影响;农村环境污染加重,农民生存安全受到威胁;一些地方的基层政府、部门或工作人员行为不规范,存在着损害农民合法权益的现象等等。因此,农村基层工作要为农民提供全方位的保护,保障广大农民在安全的环境下生活、生产和发展。

(一)执法部门要认真履行职责

城郊各种各级各类执法部门要立足本职,加大对城郊各类侵害农民合法经济权益违法行为的查处力度,为城郊农民创造有利于发展的法制环境。由于各方面的原因,城郊是各类违法犯罪行为的多发地。针对这种现状,城郊各种各级各类执法部门要认真履行保护人民利益的职责,为城郊经济发展保驾护航。

(二)加强执法队伍建设

要努力建设一支高素质、高效率的农业行政执法队伍,对加重农民负担、强买强卖、挤占挪用农业支农资金及其他侵害农民合法经济权益的违法行为予以坚决打击,严惩不贷。

(三)加强宣传和监督检查力度,逐步把基层干部的行为严格限定在法律范围内

要将计划经济体制下形成的依靠行政命令指挥农民的工作方法完全摒弃,改用经济的、法律的手段,提高政府为农民服务的能力,充分发挥政府维护公平竞争、维护社会秩序的作用,确保农民独立自主、自由选择的市场主体地位。

(四)大力开展农村基层法律服务,切实保障农民合法权益

要根据农村社会主义民主法制建设和社会发展的需要,组织和指导农村基层法律服务人员,为农村干部群众提供优质高效的法律服务,保障人民群众民主权益的实现。

各基层法律工作者要积极主动为村党支部和村委会的决策提供法律咨询和建议,要逐步建立农村法律顾问制度。协助农村基层组织依法处理好本地区经济、社会事务,帮助农村基层干部运用法律手段妥善处理农村基层热点难点问题。要及时为农村集体企

业和民营企业及村级经济组织提供法律服务,引导和帮助企业依法经营、依法管理,维护企业合法权益和农村经济秩序,促进农村经济的壮大和发展。要定期组织基层法律工作者深入农村,向广大农民提供法律咨询,围绕增加农民收入、土地承包、农民减负、农村税费改革等方面的问题,提供必要的法律指导和法律服务,帮助农民群众同各种坑农、害农和践踏损害农民民主权利的行为作斗争,并热心为农民群众做好刑事辩护、民事代理等工作,维护广大农民群众的合法权益。要充分发挥"148"法律服务专线的优势,积极为农民提供法律帮助。要充分发挥社会主义制度的优越性,努力为农村贫困弱势群众提供法律援助。要进一步加强农村人民调解工作,建立覆盖农村基层社会的民调工作网络体系,做好矛盾纠纷排查调处,防止矛盾激化。

举案说法　政府违法行政被告上公堂

【案情简介】 甘肃省某县城关镇的113名村民和县政府打起了行政官司。2001年9月6日,某县县政府颁发了《拆迁通告》称:为加快城市建设步伐,依照《×县城市总体规划》决定对县南大街、西关路进行改造和开发建设。该《通告》还对"拓宽改造范围、拆除时间"等做了规定。依据此《通告》,县城乡建设环境保护局于同年9月10日,以南大街拓宽改造为由,给县房屋拆迁管理办公室又颁发了《拆迁许可证》。同年9月13日,县政府又发布了《关于城区改造开发建设实施方案》的通告,对此次拆迁的指导思想、基本原则、补偿安置标准、组织领导及奖惩办法都做了详尽而具体的安排。其后拆迁办陆续对《通告》中所涉及的村民住宅、商铺等进行强制拆迁。

113名村民将县政府告上法院。他们认为依照我国《土地管理法》及《土地管理法实施条例》有关条款之规定,被告在将集体土地转为城市建设用地时,未拟定征用方案,也未履行批准手续、未

进行补偿安置等，即发布了《通告》，而且实施强制拆迁的行为和程序均严重违法。因此，113 名村民提出索赔 2 500 元的行政诉讼。

【法理分析】　本案是一起政府未依法行政导致的诉讼案件。依照我国《土地管理法》的相关规定，征用集体土地有相应的程序规定，本案中县政府未依法完整履行相应程序，最终对农民权利造成损害，因此被诉至法院。此案提示我们，各级政府在履行行政管理职能的过程中，应认清自己的职能，要依法行政，不能违法行政。政府要做好城郊农民权利的保护者，而不能成为侵害农民权益者。这要求城郊各级政府与基层自治组织切实转变观念，依法行政，依法保护城郊农民合法权益。

三、组织农民职能

目前的农村基本生产单位还是家庭，其生产经营规模较小，应对自然灾害、克服生产生活困难、抵御市场风险、保护自身权益的能力低．这些弱质特点，客观上要求按农村实际和市场规律把农民组织起来，提高农民的组织化程度。譬如，建立健全农民专业合作组织和行业协会，充分发挥其在连接市场和农民、农民与农民、政府与农民之间的桥梁和纽带作用；组织农民开展村内“一事一议”活动，引导农民发展生产，建设家园，实实在在地为农民办一些一家一户办不了、办不好的公共事务；要按照村民委员会组织法，继续推进村民自治和民主管理，实行村务公开、财务公开，使广大农民能真正参与村内事务管理，享有民主权利。

（一）实行村务公开

村务公开要从农民群众普遍关心的和涉及群众切身利益的实际问题入手，凡属群众关心的热点问题，以及村里的重大问题都应向村民公开。如新上的经济项目，村里的财产和财务收支，征用土

地和宅基地审批，计划生育指标，提留统筹方案及其他农民负担（包括劳动积累工和义务工），集体土地和经营实体的承包，救灾救济款物的发放，村干部年度工作目标、工资奖金和功绩过失情况及其他公共事务等等。要随着形势的发展变化和村民的要求，及时调整、充实村务公开的内容，真正做到凡涉及群众切身利益的大事，都以一定形式向村民公开，接受群众的监督。

村务公开的重点是财务公开。村级财务公开的内容，主要包括财务计划及其执行情况、各项收入和支出、各项财产、债权债务、收益分配、代收代缴费用、水电费、以资代劳情况以及群众要求公开的其他财务事项。村集体经济组织要认真执行各项财务制度。公开的内容要简洁明了，便于群众了解。

公开的形式和方法可以根据实际情况因地制宜、灵活多样，如采用张榜公布、有线广播、召集村民会议或村民代表会议等方式。有些时限较长的事项，可以每完成一个阶段，即公布一次进展情况。每一件较大事项完成之后，要及时向群众公布结果。要善于运用村务公开这种有效形式，切实加强民主监督。

（二）坚持民主管理、民主决策、民主监督，建立健全规章制度

实行民主管理，首先要坚持和完善村民会议或村民代表会议制度。要明确规定村民代表会议的人员组成及其条件、职责、权利，制定议事内容和议事规则，确定活动方式、活动程序和活动时间，并按规定严格执行。

要按照国家法律、法规和政策，结合本地实际，明确规定民主议事的内容，凡属村务管理的重大事项以及农民关注的热点、难点问题的处理，都应先召集党员大会讨论，再分别提交村民会议或村民代表会议讨论，征求党内外群众意见，按大多数人的意见实行民主决策，坚决纠正不顾群众意愿而由几个干部自行其是的做法。

要切实加强群众对村干部的民主监督。村委会班子及其成员

的工作，都要由村民会议或村民代表会议进行民主评议或民主测评。

建立健全规章制度。建立健全村务公开和民主管理制度，实现村务公开和民主管理的规范化、制度化，使工作有序、办事有据，真正做到“有章理事”，这是做好农村工作的治本之策，也是使村干部适应新形势的需要、切实改进工作方法的重要措施。因此，要以法律、法规和政策为依据，以实际、实用、实效为原则，建立健全村民会议、村民代表会议和党员议事会制度；村党支部、村民委员会按期换届选举制度；村党支部、村民委员会年终总结报告制度；民主评议党员、干部制度；财务管理、财务审计制度；财务公开、财务监督制度；村干部任期、离任审计制度等等。总之，凡是需要公开的村务工作和被列入民主管理范围的工作，都要依法建制，有制可依，按制办事。

(三)组织农民工集体有序流动，成立农民工互助组织

城郊农民出于其地缘优势，进城务工的现象较为普遍。城郊各级政府不仅要创造条件为他们提供各种技能培训，还要组织他们进行有序流动。这样不仅有利于农民工的组织管理，也有利于切实保护他们的合法权益。建立农民工互助组织，以组织的形式出面维护农民工的权益比农民工自发的维权更有利。

举案说法　政府应做农民劳动力转移的组织者与服务者

【案情简介】 为组织农民有序流动，辽宁省建立实施了“农村劳动力转移培训阳光工程”。2005 年辽宁省共落实资金 2 800 万元用于农村劳动力转移培训，比上年增长 40%。按照辽宁省的规划，2005 年辽宁省确定农村劳动力技能培训补贴标准为每人 260 元，全年计划完成 20 万农村劳动力的转移培训，确保转移就业率达到 90%以上。为增强辽宁省农村劳动力的市场竞争力，决定由

省向全省经阳光工程技能培训合格的农民统一制发合格证，努力培育辽宁的劳务品牌，带动全省农村劳动力转移工作。

据辽宁省农委调查统计，2004 年辽宁省落实阳光工程项目资金 2 000 万元，通过培训转移农村劳动力 22 万人，增加农民收入 15 亿元以上。全省共通过公开招标认定 285 个培训基地，基本上形成了统筹规划、上下贯通的转移培训网络体系。初步实现了输出一人、致富一家、带动一方的示范效果。

【法理分析】 辽宁省“农村劳动力转移培训阳光工程”行动充分体现了各级政府对农民的组织职能，这种职能运用得好，不仅有利于农民的合理有序流动、提高技能、增加收入，更有利于实现和谐的干群关系。城郊各级政府应发挥地缘优势，做好城郊农民有效流动的组织者和保障者。

四、教育农民职能

(一)加强农村法制宣传教育，鼓励农民遵纪守法、依法维权

由于历史的、文化的、经济的等多方面的原因致使我国农民的法律意识、法制观念较为淡薄。在提倡依法治国、依法行政、依法治村以及依法规范个人行为的今天，农民的法律意识、法制观念亟待提高，这不仅有利于农民加强遵纪守法的自觉性，也是农民依法维权的重要保障。

开展农村法制宣传教育的对象是广大农村基层干部和群众，重点是农村基层干部。要通过法制教育，使广大农村基层干部牢固树立民主法制意识，基本掌握与本职工作密切相关的法律知识，不断增强广大干部依法管理农村政治、经济和社会事务的水平和能力。要针对农民群众的特点，采取多种有效的形式开展深入的法制教育，使广大农民群众基本了解与自身生产、生活密切相关的

法律法规，逐步培养农民权利义务对等的观念，使其在改革开放的新形势下懂得用法律保护自身的合法权益和自觉履行公民义务。

开展农村法制宣传要紧密围绕党和国家的中心工作和农村改革、稳定和发展的实际，重点宣传党在农村的基本政策和国家的基本法律。尤其要大力宣传党的十六大精神和党的关于家庭联产承包、减轻农民负担等政策。大力宣传宪法、宣传农业生产与流通、农村税收、农民负担、村民自治、家庭婚姻、计划生育等与农民生产、生活密切相关的法律法规。

要积极探索新形势下农村法制宣传教育的有效途径，针对不同的对象，采取不同的方式和手段，因地制宜，注重实效，不断增强法制宣传教育的吸引力、感染力和说服力。

对农村基层干部的法制教育要以面授为主，分期分批组织农村基层干部到党校、干校、法制学校进行集中系统的法律知识培训，并组织考试。对广大农民群众的法制教育主要采取群众喜闻乐见的形式，贴近实际、贴近生活、贴近农民。要充分发挥报纸、广播、电视、网络等大众传媒的作用，利用农民夜校、农村文化馆（站）等场所以及村务公开栏、黑板报、墙报等阵地，对农民进行法制宣传教育。要通过举办法律知识讲座、法律咨询、报告会、法制文艺演出、图片展览等多种形式，营造浓厚的法制氛围，使群众在潜移默化中受到法制熏陶。要动员组织广大法律工作者和有关社会力量，深入农村宣讲法律知识。要结合精神文明创建活动，积极开展送法下乡活动。

（二）进行农村思想政治教育，切实落实党的方针政策

农村思想政治工作的内容应十分注重贴近群众，体现针对性和层次性，应以提高农村干部群众的基本素质为宗旨，切忌不顾基层实际，搞“高、大、全”。主要内容应包括：社会公德、职业道德、家

庭美德教育，马克思主义唯物论、无神论和科学精神教育，科技知识教育等。着力解决农村党员干部对马克思主义的信仰，坚定对建设有中国特色社会主义的信念，增强对改革开放和现代化建设的信心，增强对党和政府的信任等问题。

在思想政治教育的方法上要树立群众观点，把思想政治工作同解决农村热点、难点问题结合起来，在针对性上下功夫。要注重依托稳定的农村思想政治工作队伍和思想文化阵地，结合农民群众的日常工作和生活，开展经常性的农村思想政治工作。要以农民群众利益为出发点，充分了解群众所思、所急、所需，重视和善于从群众最关心、与群众关系最密切的问题入手，讲百姓话，办百姓事，把解决思想认识问题同解决群众工作和生活中的实际问题结合起来，把团结、动员、教育群众和服务群众结合起来。

（三）加大投入，建好管好用好农村基层的思想文化阵地

开展基层思想政治工作，必须有一定的思想文化阵地作为依托。我国城郊农村经济和社会发展程度低于城市，社会公共设施少而陈阳，思想文化阵地建设比较落后。没有图书室，没有文化室，没有俱乐部。农村基层思想文化阵地的匮乏和建设的滞后，使农村基层思想教育工作的开展受到很大的制约，使党的思想政治工作在和封建迷信、赌博、铺张浪费以及其他封闭落后习俗的斗争中缺乏有效手段，处于不利的地位。各级党委和政府应重视这一问题，并要积极创造条件，采取切实可行的方法加以解决。黑板报、广播站、文化室、老年活动中心等原有阵地，在新形势下仍有其独特的不可替代的作用，应当继续用好。应以县级财政为主体，大力加强电视、报纸对农村基层的辐射力度；以乡镇财政为主体，兴建乡镇图书室、俱乐部、文化活动中心，加强中心集镇的文化辐射功能；提倡和推动以村集体出资为主和民间集资为辅的方式，在经济发达和中等发达的村兴建图书室、文化活动室等精神文化活动

场所。只有依托必要的思想文化阵地，农村基层的思想政治工作才可能“寓教于乐”、“寓教于文”，生动活泼，富有吸引力。与此同时，要坚持社会效益第一及社会效益和经济效益统一的原则建好管好农村基层思想文化阵地。对见利忘义、背弃社会责任的行为要坚决及时予以纠正。

总之，城郊各级政府和干部要根据社会的变革与发展，针对各种新情况、新问题转变思路、转变职能，真正发挥政府在维护城郊农民合法经济权益中的导航与保驾作用。

第二章　城郊农民如何维护劳动权益

随着乡镇企业的发展及农村剩余劳动力向城市劳动力市场的转移，城郊农民的劳动权益保护逐渐成为近年来的社会热点和难点。除了立法保护及各级政府相关部门的执法保护外，农民工也要学会运用法律手段、通过合法途径来维护自身权益

一、劳动合同的含义与内容

（一）劳动合同的含义

劳动合同是劳动者与用人单位确立劳动关系、明确双方权利义务的协议。劳动合同的主体是特定的，即一方是劳动者，另一方是用人单位。

（二）农民工可以成为劳动合同的主体

《中华人民共和国劳动法》第二条第一款规定："在中华人民共和国境内的企业、个体经济组织和与之形成劳动关系的劳动者，适用本法"。另外《关于贯彻执行〈中华人民共和国劳动法〉若干问题的意见》第二条规定："中国境内的企业、个体经济组织与劳动者之间，只要形成劳动关系，即劳动者事实上已成为企业、个体经济组织的成员，并为其提供有偿劳动，适用劳动法。"

通过上述条款可以看出，农民工只要与中国境内的企业、个体经济组织之间形成劳动关系，就当然成为劳动合同或劳动关系的主体。

(三)劳动合同的主要内容

劳动合同一般分为必备条款和商定条款。必备条款指依劳动法律法规规定必须具备的条款;商定条款指根据工种、岗位等的不同特点,由劳动关系双方平等协商确定的具体条款。

根据《中华人民共和国劳动法》的规定,劳动合同应当采用书面形式,并应包含以下必备条款:劳动合同期限、工作内容、劳动保护和劳动条件、劳动报酬、劳动纪律、合同终止的条件、违反劳动合同的相应责任。在必备条款之外,双方可以协商约定劳动合同的其他内容,这些条款即为商定条款。

(四)农民工要学会区分劳动合同与劳务合同

劳动合同与劳务合同对农民工产生的法律后果截然不同,为了更好地维护自身的合法权益,农民工要学会区别两种合同。

1. 劳动合同与劳务合同的区别

(1)法律性质不同　劳动合同是确立劳动关系的凭据,由劳动法进行规范。而劳务合同是建立民事、经济法律关系的凭据,由民法、经济法进行规范。

(2)合同的主体不同　劳动合同的主体一方是劳动者,另一方是用人单位。而劳务合同对主体没有特殊要求,既可以都是公民,也可以都是法人,或者是公民与法人。

(3)合同主体的地位不同　劳动合同的主体具有从属性,签订合同后,劳动者便成为了用人单位的一员,要接受用人单位的管理,承担一定的工作,享受法律、法规和双方协议约定的社会保障和福利待遇。而劳务合同的双方是一种平等的关系,只是按约提供劳务和支付报酬,没有管理被管理的关系,也不必提供社会保障和福利待遇。

(4)合同的内容不同　劳动合同的内容要包括符合国家规定

的劳动条件和劳动保护用品、工资福利待遇等，主要是参照劳动法的规定。而劳务合同的内容则是双方就劳务内容及完成时限、标准、报酬等需按照《民法通则》、《合同法》等的规定签定。

(5)确定报酬的原则不同　在劳动合同中，用人单位按照劳动的数量和质量以及国家的有关规定给付劳动报酬，遵循按劳分配的原则。而在劳务合同中遵循等价有偿的原则。

(6)报酬支付方式不同　劳动合同中支付报酬的方式多以工资的方式定期支付，有规律性。而劳务合同多为一次性结清或按阶段按批次支付报酬，没有规律。

(7)法律责任后果不同　违反劳动合同可能承担行政责任、民事责任甚至是刑事责任，例如 非法搜身和拘禁劳动者。而违反劳务合同一般只承担民事赔偿责任。

2. 判断劳务合同与劳动合同的方法

(1)看签合同对方的性质　如果对方不是用人单位，签的就是劳务合同，而不是劳动合同。按照规定，用人单位是指在中华人民共和国境内的企业、个体经济组织。国家机关、事业组织、社会团体和与之建立劳动合同关系的劳动者，依照劳动法执行。农民工应当注意，按照以上规定，家庭不是用人单位，所以为家庭服务的钟点工签订的合同不是劳动合同而是劳务合同。

(2)看双方之间的关系　劳动者与用工单位存在或事实上存在录用关系，那双方签订的就是劳动合同。即使没有签订合同，但双方确实履行了劳动权利和义务的，也应当认定存在劳动关系。但有些情况看似存在劳动关系，比如抽取提成的临时营销人员等，因为缺少劳动合同构成的要件，故只能认定双方之间存在劳务合同关系。

举案说法　该雇佣损害赔偿案件应适用民法调整

【案情简介】　江西省某市城郊村民袁某建房，发包给陈方贵

承建，陈方贵又雇佣黄守堂安装模板。2000年10月8日，因建房四周无安全网设施，黄守堂在二楼安装模板时不慎摔下死亡。此后，黄守堂遗妇杨顺莲（子女均已成年）与陈方贵就赔偿问题发生纠纷。当地黄州乡人民政府获知后，于2000年10月14日召集杨顺莲、陈方贵及双方所在的村委会干部进行协商解决。杨顺莲、陈方贵自愿达成一份《雇员受害赔偿协议书》，杨顺莲由其已成年的儿子黄敬波代其签字，陈方贵亦在协议书上签了字。参与调解的各有关人员在协议书上在场人栏处签字。该协议书约定，包工头陈方贵一次性补偿死者家属经济损失1.2万元（含安葬费、抚恤金、安家费在内），上述1.2万元费用，在3年内分期还清，并对付款具体时间做了安排。本协议自签字后，双方自觉执行，不得发生任何争议。协议签订后，陈方贵以协议具有胁迫性质为由，拒绝履行。2001年2月5日，黄守堂遗妇杨顺莲向法院起诉，请求确认协议有效，判令陈方贵履行协议中到期的付款义务。

法院审理认为，该协议是双方当事人的真实意思表示，且协议内容没有违反法律规定或社会公共利益，故应依法确认为有效，陈方贵应当履行该协议，遂作出一审判决：杨顺莲与陈方贵签订的《雇员受害赔偿协议书》确认有效；陈方贵应按照《雇员受害赔偿协议书》的约定给付已到期的赔偿款计人民币5 062元；陈方贵在安葬黄守堂时已付的1 700元，在其履行上述赔偿款时予以扣除。宣判后，陈方贵不服，提出上诉。江西省南昌市中级人民法院终审判决，驳回上诉，维持原判。

【法理分析】　本案是一例典型的雇佣损害赔偿案件，应运用民法规范进行调整，而不适用劳动法。本案雇主陈方贵雇佣黄守堂为其安装模板，但陈方贵并不是劳动法上的用人单位，其法律性质是雇主，二者之间形成的是民法上的雇佣关系，而不是劳动法上的劳动关系。本案双方当事人对此也无异议。因此，法院依法判令《雇员受害赔偿协议书》有效。

二、签订劳动合同的注意事项及无效劳动合同

（一）签订劳动合同的注意事项

签订劳动合同时，应遵循平等自愿、协商一致的原则。劳动合同应采用书面形式，劳动行政管理部门规定有统一的劳动合同格式。农民工要依法主张和维护自身的合法权益。在签订合同的过程中，要注意：首先，签订合同应当是农民工的真实意愿；其次，要认真审阅劳动合同的必备条款，这些条款是否完备，是否符合劳动法的规定；其三，审阅合同的其他条款是否违背自己的意愿；其四，签订劳动合同后劳动者手中也应保留一份用人单位签字盖章、劳动者本人签字的劳动合同原件一份。

举案说法　劳动合同没盖公章不一定无效

【案情简介】　刘小姐在某公司做文秘工作一年多。2005 年 1 月她与公司发生劳动争议，并提起劳动仲裁。仲裁机构审查公司与刘小姐签订的劳动合同时发现，公司在这份劳动合同上，没有加盖公司公章，也没有合同鉴证机关的鉴证，公司方只有一个法人代表的个人签字。

公司主张这份劳动合同上没有加盖公司的公章，本身就不符合订立合同的形式要件，再加上又没有经过鉴证，这份劳动合同当然无效。

但刘小姐主张：第一，我与公司签订的劳动合同，虽然公司没有加盖公章，但有法定代表人的亲笔签名，这就表示公司认可该合同，怎么能说是无效合同呢？第二，这份合同虽然没经过鉴证机关审查鉴证，但合同条款中并没有违法和不公正的内容。所以，这是

一份有效劳动合同。

【法理分析】　根据法律规定，用人单位在与劳动者签订劳动合同时，应该在劳动合同上签章。即由公司代表签字，并加盖企业公章。本案中的公司在劳动合同上没有加盖公司的公章是不符合劳动法规定的，但这个问题的出现主要是由公司的过错造成的，公司应当承担主要责任。所以，虽然合同未加盖公章，但毕竟有法定代表人的签名，根据民法通则的相关规定，法定代表人有权代表公司订立合同，法定代表人签订的合同公司应承担相应法律后果。因此，不能仅凭没有盖公章就认定是无效合同。

该公司与刘小姐双方都已在一年多的时间里，按合同的约定履行了相应的义务，也享受了各自的权利。即使双方未签订书面劳动合同，也应认定双方存在事实劳动关系。

另外，关于劳动合同的鉴证，我国目前不实行强制性鉴证。鉴证只是劳动合同管理部门对合同进行审查认定的一种形式，并不是劳动合同成立的必备条件，更不能用它来作为劳动合同是否有效的标志。因此，称劳动合同未经鉴证机关审核盖章就是无效合同的观点，也不能成立。

综上所述，尽管该合同在形式上有一定的缺陷，但因有法定代表人签字，只要该合同内容是合法的，且双方在签订时没有任何一方存在欺诈或胁迫行为，仲裁机构完全应当将它看做一份有效的劳动合同。

(二)对用人单位不与农民工签订劳动合同的对策

如果用人单位没有与务工者签订劳动合同，务工者应当主动提出签订劳动合同的要求。

第一，直接向用人单位提出签订劳动合同的要求。

第二，如果用人单位有工会组织，务工者也可以向工会反映情况，请工会出面向用人单位提出要求。

第三，如果用人单位执意不肯签订劳动合同，务工者可以向用人单位所在地区的劳动行政部门反映情况，由劳动行政部门督促用人单位与务工者签订劳动合同。

农民工进城务工要与用人单位签订合同。如果没有书面合同，平时要有意识地收集证据。如果月底用人单位不能发给工资，最好要有文字的根据。也可以采取录音获得证据。即使没有这些，还可以在工友之间互相证明。这些证据都可以视同订立劳动合同。

(三)导致劳动合同无效的情形

无效劳动合同是指订立合同不符合法定条件、不能产生相应法律效力的劳动合同。下列合同均为无效劳动合同。

1. 违反法律、行政法规的劳动合同 包括订立合同的主体和劳动合同的内容违反法律、行政法规两种情形。

2. 采取欺诈、威胁等手段订立的劳动合同 所谓“欺诈”是指一方当事人故意隐瞒真实情况，或者故意告知对方虚假情况，致使对方当事人做出错误意思表示的行为；所谓“威胁”是指以对他人及其亲友的生命健康、荣誉、名誉、财产等造成损害为要挟，迫使对方做出违背真实意思表示的行为。

无效劳动合同自始不发生法律拘束力。劳动合同的无效可分为全部无效和部分无效。确认部分劳动合同无效的，如果不影响其他部分效力的，其他部分仍然有效。

举案说法一　劳动合同条款违法为无效条款

【案情简介】　2003 年 6 月，青年农民王某与一家私营造纸厂签订了一份劳动合同，合同内容有“发生死伤事故企业概不负责”的条款。由于王某家境贫寒，十分渴望得到这份收入较高的工作，又考虑到自己年轻力壮，只要谨慎小心就不会出事，所以便怀着侥

幸心理在合同上签了字。2005 年 1 月，王某在操作切割设备时，左手的 4 个手指不慎被切断。事故发生后，王某先后住院治疗 60 多天，花去手术费、住院费、治疗费等费用 6 700 多元。伤愈出院后，王某所在的造纸厂表示企业只负担其住院期间的工资，医疗费用由职工自付。对此，王某及其亲属多次找到造纸厂要求支付医疗费，该厂则以劳动合同中约定有“发生死伤事故概不负责”的条款为由拒绝支付。

为维护自己的合法权益，王某向当地劳动仲裁委员会提出仲裁申请。仲裁委员会受理申请后裁决认为：劳动合同中“发生死伤事故企业概不负责”的条款属于无效条款，王某的医疗待遇及相应的损失费由造纸厂负责。

【法理分析】 最高人民法院针对有的企业在招工登记表中注明“工伤概不负责”之类的免责条款明确作出司法解释：“这种行为既不符合宪法和有关法律规定，也严重违反社会主义公德，应属于无效的民事行为。”本案中，造纸厂在合同中规定“发生死伤事故企业概不负责”，属于劳动合同的内容违反法律，因此该条款属于无效条款。所以，王某的医疗费用应该由造纸厂承担。

举案说法二　劳动者受胁迫签字无效

【案情简介】 张某是某制造厂的职工。2000 年 3 月，企业因经营困难而未安排张某岗位，张某便进入了企业再就业中心，并与再就业中心签订了再就业服务中心管理协议。同年 9 月，张某申请自谋职业，再就业服务中心与其解除了协议和劳动合同，并支付张某经济补偿金。张某所在市为了鼓励下岗职工尽快实现再就业，还制订了相应的政策，根据不同再就业方式可享受结余经费，然而，张某在最后办手续时制造厂厂长表示企业经济困难，再无力支付结余经费，要求张某放弃，否则就不给办理自谋职业的手续。无奈之下，张某只好同意。并要在领取解除劳动合同结余经费表

上签字。后来,企业在张某不知情的情况下做了一份现金账,表明张某已把 4 345 元结余经费退还给了企业。

事后张某认为企业的行为侵害了自己的合法权益,诉到仲裁委员会,要求企业补发 4 345 元经费结余。仲裁委员会裁决支持了张某的请求。此后,某制造厂向法院提起诉讼,要求撤销仲裁裁决。法院审理后认为,原告单位强迫劳动者签字属无效行为,判决驳回该厂的诉讼请求。

【法理分析】 劳动合同在订立、履行、解除的过程中,均不能采取胁迫手段,违背一方的真实意愿。本案中,职工张某为了享受获得结余经费的鼓励政策,尽早实现再就业本无可非议,制造厂利用张某这种急迫心理,要求其放弃经费结余才同意给其办理自谋职业的手续,是一种损害职工经济利益的要挟,是不合法的。张某迫于无奈只得签字,因此制造厂的行为属于胁迫行为,该行为自始无效。所以,仲裁委员会和法院均不支持原告制造厂的请求是正确的。

三、劳动合同的解除

(一)劳动合同试用期的规定

《中华人民共和国劳动法》第二十一条规定:“劳动合同可以约定试用期。试用期最长不得超过 6 个月。”

试用期就是用人单位和劳动者之间为相互了解、选择而约定的考察期。双方约定试用期不得超出 6 个月。劳动合同期限在 6 个月以下的,试用期不得超过 15 日;劳动合同期限在 6 个月以上 1 年以下的,试用期不得超过 30 日;劳动合同期限在 1 年以上 2 年以下的,试用期不得超过 60 日。试用期包括在劳动合同期限内,而不是独立于劳动合同期限之外。用人单位对工作岗位没有

发生变化的同一劳动者只能试用1次。

(二)在试用期内解除劳动合同劳动者应注意的问题

试用期内,用人单位和劳动者都可以随时单方解除劳动合同。劳动者在试用期内解除劳动合同,用人单位可以不必支付经济补偿金,但应按劳动者的实际工作天数支付工资,并可按劳动合同或用人单位的制度要求用人单位履行其他承诺。

举案说法　试用期提成该不该拿

【案情简介】　王某2004年春节过后来到北京打工,3月1日开始到一家文化公司工作,他的工作就是拉广告。3月3日正式与公司签订合同,试用期3个月。合同规定,试用期基本工资600元,到试用期为止,合同额未满2万元的最后一名,公司将辞退。

王某来公司两个星期就签订了一份合同,是某集团8 000元的宣传费。公司规定个人提成为7%,他应该提成560元。公司规定,提成是隔月的25日发。他和某集团的合同是3月份签订的,那么他的提成5月25日才能拿。

王某4月30日被公司辞退,同时辞退的还有另外几个员工。当天公司给他们结算了当月工资600元,他当时向公司老板要560元提成,老板说公司每个月的25日才发提成,你到下个月25日再来吧。

5月25日,王某来到公司找到了老板,老板对他说试用期没有提成,只有基本工资600元。王某据理力争:“你当时已经说好了有提成,怎么又没有了?”老板说他当时不知道,以为试用期也有提成,但规章制度上说没有。王某说你作为老板都搞不明白,我作为一个新员工更不可能明白,何况公司从来没和我们讲过这点。他们谈了很长时间,但老板一直推脱,老板说他不能违反原则,得和公司其他人商量。后来老板拿出300元给王某,说当做一个朋

友帮助他的，王某不要。最后老板让他留个电话说到时与他联系，王某做了让步。

王某等了几天，老板也没与他联系，他5月31日又去了公司，老板这次口气很强硬，说什么也不给其提成费，王某说你把规章制度拿出来，如果明文规定试用期没有提成，我一句话不说就走人，老板不肯出示规定。王某找公司好几个员工了解过，公司试用期是有提成的，也就是说王某应该拿到560元，并且他还了解到，公司以前辞退的员工都被老板以试用期没有提成的理由拒绝给予提成。

【法理分析】 关于试用期提成的问题，在王某与公司签订的合同中虽然没有提及，但是在他刚进公司以及后来被公司辞退时，公司一直承认有提成，且王某的同事也证明试用期是有提成的。因此，试用期提成属于公司经营激励制度，该制度对公司当然具有约束力。王某拉来宣传费，公司理应兑现提成。即使公司在试用期内单方解除合同，王某也有权向劳动争议仲裁委员会申请仲裁，主张自己的合法权益。

(三)用人单位在招工时收取劳动者保证金的行为违法

劳动部关于贯彻执行《中华人民共和国劳动法》若干问题的意见第二十四条规定：用人单位在与劳动者订立劳动合同时，不得以任何形式向劳动者收取定金、保证金(物)或抵押金(物)。对违反以上规定的，应按照劳动部、公安部、全国总工会《关于加强外商投资企业和私营企业劳动管理切实保障职工合法权益的通知》(劳部发〔1994〕118号)和劳动部办公厅《对“关于国有企业和集体所有制企业能否参照执行劳部发〔1994〕118号文件中的有关规定的请示”的复函》(劳办发〔1994〕256号)的规定，由公安部门和劳动行政部门责令用人单位立即退还给劳动者本人。

举案说法　订立劳动合同时收取的保证金应否返还

【案情简介】　1999年4月，家住某市城关镇城关村的宋某经考核被该市东方宾馆招收为服务员，当年5月6日，宾馆与宋某签订了为期3年的劳动合同，并收取了宋某1 500元合同押金。该合同中规定："凡在本宾馆工作的女性服务员，在合同期内不得结婚，否则宾馆有权解除劳动合同。"当时尚未婚嫁的宋某对此根本没在意，就在合同上签了字。同年12月，因宋某男友单位筹建家属楼，为了能分得住房，宋某和男友遂于2000年2月结了婚，不久宋某怀孕。

当宾馆得知此事后，便以宋某违反合同为由，于当年9月15日单方面解除了同宋某的劳动合同，并没收了宋某当初交付的1 500元抵押金。宋某同宾馆就此事交涉未果，遂申请劳动仲裁。劳动仲裁委员会经审理认为，被告东方宾馆与原告宋某所签订的劳动合同中"合同期内不得结婚"条款，虽系双方自愿签订，但它客观上限制了宋某的结婚年龄，实质上是对婚姻自由的变相干涉，不符合《婚姻法》的规定，属无效条款。但某一条款的无效，并不影响合同其余条款的效力，因此被告解除与原告之间的合同是没有依据的。另外东方宾馆没收在与宋某签订劳动合同时收取的抵押金，也是违法的，应当退还给宋某。

【法理分析】　实践中与本案类似的情况较为普遍。用人单位收取保证金通常具有一定的强迫性，而劳动者往往是弱者，为了能够在用人单位正常工作只得无条件服从，而收钱的用人单位正是利用了劳动者的这一点，并不考虑是否出自劳动者本人自愿。这种收取保证金的行为与我国《劳动法》中规定的建立劳动关系应遵循的基本原则相违背，侵害了职工的合法权益。根据我国劳动法律的有关规定，订立劳动合同时用人单位不得以任何形式向劳动者收取定金、保证金和抵押金及相关物品；劳动部下发的《关于严

禁用人单位录用职工非法收费的通知》也明确规定,对用人单位在录用职工时向劳动者个人收取费用的,应责令用人单位立即退还劳动者。劳动者在与相关单位建立劳动关系时,如果用人单位有非法收取定金、保证金、抵押金等情形出现,劳动者应保管好相关凭证,以便日后主张自己的合法权益。本案中东方宾馆在签订合同时收取宋某1 500元合同抵押金属违法行为,劳动仲裁委员会的处理是正确的。另外,宋某在签订劳动合同之初就可以依据上述法律规定,向当地公安部门和劳动行政部门投诉,由他们责令东方宾馆将1 500元合同抵押金退还给自己。

(四)用人单位可以解除合同的几种情形

第一,劳动者有过错的。用人单位可以解除劳动合同的几种情形:①劳动者在试用期内被证明不符合录用条件的。②劳动者严重违反劳动纪律或违犯用人单位规章制度的。用人单位制定的规章制度不得与国家的法律、法规相抵触。③劳动者严重失职,给用人单位造成重大损害的。④被依法追究刑事责任的。

劳动者有上述情形之一的,用人单位有权随时解除劳动合同,无需给予劳动者经济补偿。

第二,劳动者没有过错。用人单位可以解除劳动合同的几种情形:①劳动者患病或者非因工负伤,医疗期满后,不能从事原工作,也不能从事由用人单位另行安排的工作的。这里所说的"患病",是职业病以外的其他病症。②劳动者不能胜任工作,经过培训或调整工作岗位仍不能胜任工作的。③劳动合同订立时所依据的客观情况发生重大变化,致使原劳动合同无法履行,经与当事人协商后不能就变更劳动合同达成协议的。上述3种解除劳动合同的情形,用人单位应当提前30日以书面形式通知劳动者本人,并根据劳动者在该用人单位的工龄给予经济补偿。

举案说法　李小姐的劳动合同可以解除

【案情简介】　李小姐到某独资公司工作已经6个月了，与她同时进公司的其他员工，在工作上都早已能独挡一面，惟独她还不能够胜任本职工作，她十分着急，经常利用业余时间补习业务，可收效甚微。公司领导认为，李小姐虽然干活儿比较笨，但工作态度还是认真的，于是决定给她一次提高技术水平的机会，让她脱产3个月，去参加技术培训。但参加完3个月的技术培训，李小姐回到公司仍然不能胜任本职工作。公司领导对她做出了30日后与她终止劳动合同的决定。李小姐不愿离开该公司，以公司与她订的是无固定期限的劳动合同为由，向劳动仲裁委员会提出仲裁。

【法理分析】　本案中李小姐起初不能胜任工作岗位，在公司让其参加培训3个月后，仍然不能胜任本职工作。李小姐的这种情况，完全符合上述劳动者无过错、用人单位可以解除合同的第二种情形，即：劳动者不能胜任工作，经过培训或调整工作岗位，仍不能胜任工作的。因此，此时公司可以提前30日向其发出通知，与其解除劳动合同。但是，李小姐有权要求公司按法律规定对其进行经济补偿。

(五)用人单位不能与劳动者解除劳动合同的情形

劳动者有下列情形之一的，用人单位不得解除劳动合同。①患职业病或者因工负伤并被确认丧失或者部分丧失劳动能力的；②患病或者负伤，在规定的医疗期内的；③女职工在孕期、产期、哺乳期内的；④法律、行政法规规定的其他情形。当上述情形出现时，用人单位不能解除与劳动者之间的劳动合同。

举案说法　劳动者患病期间用人单位不能解除劳动合同

【案情简介】　2002年1月，某食品公司以“田某患传染性疾

病，不适合在食品行业工作”为由，提出与职工田某解除劳动合同。田某对此不服，向市劳动争议仲裁委员会提出申诉，要求公司继续履行劳动合同，并按照劳动合同规定享受医疗期待遇。

经查：某食品公司系一家中外合资企业，职工田某是该公司饼干车间的操作工。2000 年 10 月被该公司招录为劳动合同制工人并签订了 3 年期限的劳动合同。2001 年 12 月公司组织职工到医院进行体检，田某被查出患有乙型肝炎。公司认为，国家卫生部门明文规定，患有传染性疾病人员，不能从事食品行业工作。田某患有肝炎，属于传染性疾病，因而决定与田某解除劳动合同。

仲裁委员会认为，职工田某在合同期内，其权利是受法律保护的。按照双方签订的劳动合同约定，“乙方患病或非因工负伤可根据工龄长短享受医疗期，本企业对工龄不满 3 年的职工给予 3 个月的医疗期。”据此，公司应按照劳动合同规定履行义务，给予职工 3 个月的医疗期。在医疗期未满的情况下，公司解除劳动合同是错误的。

【法理分析】 企业与田某经协商签订了劳动合同，意味着双方依法建立了劳动关系。这种劳动关系的维系是受法律保护的，它的变更、解除、终止要受《劳动法》的约束。即企业要与田某解除劳动合同必须符合《劳动法》规定的条件或劳动合同约定的条件。根据《中华人民共和国劳动法》第二十六条规定：“劳动者患病或非因工负伤，医疗期满后，不能从事原工作也不能从事用人单位另行安排的工作的”，企业才可以与其解除劳动合同。

本案中，某食品公司在田某患病后，企业没有给予其医疗期，侵害了职工的合法权益。既然劳动合同是明确双方权利和义务的协议，那么双方对劳动合同中规定的权利就应该享受，规定的义务就应该履行。企业与田某签订的劳动合同已明确规定“乙方因患病或非因工负伤可以享受医疗期”，这一规定就是职工的权利。换言之，给予患病职工医疗期就是企业的义务。在田某患病后，企业

没有给予其医疗期，在客观上造成了对田某权利的侵害。

按《劳动法》规定，在劳动者“患病或者负伤，在规定的医疗期内的”，用人单位不得解除劳动合同。因此，某食品公司应按约定给予田某3个月的医疗期，并承担医疗费。待医疗期满后，再决定是否解除劳动合同。

（六）劳动者解除劳动合同不受限制的情形

《中华人民共和国劳动法》第三十一条规定：“劳动者解除劳动合同，应当提前30日以书面形式通知用人单位。”劳动者提前30日以书面形式通知用人单位，既是解除劳动合同的程序，也是解除劳动合同的条件。劳动者提前30日以书面形式通知用人单位，解除劳动合同，无需征得用人单位的同意。超过30日，劳动者向用人单位提出办理解除劳动合同的手续，用人单位应予以办理。但由于劳动者违反劳动合同有关约定而给用人单位造成经济损失的，应依据有关法律、法规、规章的规定和劳动合同的约定，由劳动者承担赔偿责任。劳动者违反提前30日以书面形式通知用人单位的规定，而要求解除劳动合同，用人单位可以不予办理。劳动者违法解除劳动合同而给原用人单位造成经济损失的，应当依据有关法律、法规、规章的规定和劳动合同的约定承担赔偿责任。

《中华人民共和国劳动法》第三十二条规定：有下列情形之一的，劳动者可以随时通知用人单位解除劳动合同。①在试用期内的；②用人单位以暴力、威胁或者非法限制人身自由的手段强迫劳动的；③用人单位未按照劳动合同约定支付劳动报酬或者未按约定提供劳动条件的。

举案说法　试用期内劳动者提出解除劳动合同不需承担违约责任

【案情简介】 周某与某商场签订了3年的劳动合同，合同中

约定:试用期为 3 个月,周某的工作岗位为收银员;任何一方要求提前解除劳动合同,应向对方支付违约金。合同签订的当月,商场劳资科通知周某,其工作改为导购员。周某表示不同意,如果商场一定要他变更工作岗位,他就提出解除劳动合同。商场同意解除劳动合同,但要求周某支付违约金。周某不服,遂向劳动争议仲裁委员会申请仲裁,要求商场或按原工种安排工作,或周某调出不支付违约金。经过仲裁委员会调解,双方达成协议:双方解除劳动合同,周某不支付违约金。

【法理分析】 《中华人民共和国劳动法》第三十二条又规定:在试用期内,“劳动者可以随时通知用工单位解除劳动合同。”试用期就是在劳动合同的期限内,规定一个阶段的试用时间。通过试用期,一方面企业可以进一步考察录用的工人是否真正符合招工条件,能否适应生产、工作需要。在试用期限内发现不符合招工条件的,企业可以解除劳动合同;另一方面,劳动者也要考察用人单位的情况,一旦发现实际情况与对方介绍的情况不符,或不能适应对方情况的,可以在试用期内提出解除劳动合同。《劳动法》之所以规定约定试用期,主要是从维护双方当事人的利益考虑。在试用期内,周某不同意变更工作岗位,提出解除劳动合同的要求,是符合《劳动法》规定的。本案某商场忽略了试用期内劳动者有权随时提出解除合同,而这样做并不违反《劳动法》的规定,因此,商场要求周某支付违约金是与法律相违背的,不应支持。

四、劳动合同经济补偿金及休假的相关规定

(一)解除劳动合同可以不支付经济补偿金的几种情形

第一,劳动者按照《劳动法》第二十四条的规定,主动提出解除劳动合同的,用人单位可以不支付经济补偿金。

第二，劳动合同期满或者当事人约定的劳动终止条件出现，劳动合同终止，用人单位可以不向劳动者支付经济补偿金。

第三，劳动者按照《劳动法》第三十二条第一项的规定，在试用期内解除劳动合同，用人单位可以不支付经济补偿金。

举案说法一　试用期内，因用人单位本身原因解除劳动合同仍应支付经济补偿金

【案情简介】　2004 年 3 月，赵小姐被聘为北京某公司办公室秘书，双方签订试用协议书，试用期为 3 个月，即从 2004 年 3 月 29 日至 6 月 29 日，试用期工资每月 1 400 元。然而就在赵小姐开始工作 2 个月后即 6 月 2 日，公司以业务紧缩不需要此岗位人员为由向她下发了《解聘员工通知单》，无奈之下，赵小姐只好办理了离职交接手续，公司按照 1 400 元月工资的标准支付了其 5 月 1 日至 6 月 2 日的工资。

赵小姐要求公司支付解除劳动关系的经济补偿金，为此向劳动争议仲裁委员会提请仲裁，仲裁委员会裁决要求该公司支付赵小姐被解除劳动关系的经济补偿金 1 400 元。公司不服，向法院起诉要求判令公司无须向赵小姐支付这笔经济补偿金，理由是赵小姐尚处于试用期间，公司可以随时通知与其解除劳动关系。一、二审法院均驳回了某公司的诉讼请求。

【法理分析】　按照《中华人民共和国劳动法》第二十五条第一项的规定，劳动者在试用期间只有被证明不符合录用条件的，用人单位可以解除劳动合同，否则应该支付经济补偿金。而本案中某公司是因为企业自身的原因解除了与赵小姐的劳动关系，且不是赵小姐主动提出解除合同。因此，公司同样应该向劳动者支付经济补偿金，如果未按时支付，还应向赵小姐支付相当于补偿金数额 50％的额外经济补偿金。

举案说法二 劳动者主动辞职，公司不予补偿金

【案情简介】 李某于1993年9月入职某公司，历任生产部机修工、控制员、副主任等职。2003年9月2日，李某提出辞职，双方于2003年10月2日解除劳动关系，公司支付李某工资至2003年10月2日。李某于2003年12月26日领取结算金人民币16 074.73元，员工等级为4级。

2004年1月13日，李某以该公司未支付经济补偿金及病假工资等为由，向当地劳动争议仲裁委员会提出仲裁申请。2004年2月20日，仲裁委员会以李某已过申诉时效为由决定不予受理。李某对该决定不服，于2004年3月1日向法院提起诉讼。一审法院和二审法院依法驳回了其诉讼请求。

【法理分析】 本案中，劳动合同双方解除劳动关系是由李某主动提出辞职所致，根据有关法律规定，劳动者主动解除劳动合同的，用人单位无需支付劳动者经济补偿金。在实践中，有很多行业的职工存在"跳槽"行为，这种情况下一般是劳动者主动提出解除劳动关系，用人单位一般可以不支付经济补偿金。

(二)用人单位解除劳动合同支付经济补偿金的标准

经劳动合同双方协商一致，由用人单位解除劳动合同的，用人单位应根据劳动者在本单位的工作年限，每满1年发给相当于1个月工资的经济补偿金，最多不超过12个月。工作时间不满1年的，按1年的标准计算。

订立劳动合同时所依据的客观情况发生重大变化，致使原劳动合同无法履行，经当事人协商不能就变更劳动合同达成协议，由用人单位解除劳动合同的，用人单位应根据劳动者在本单位的工作年限，每满1年发给相当于1个月工资的经济补偿金。

劳动者患病或非因工负伤，医疗期满后不能从事原工作，也不

能从事由用人单位另行安排的适当工作的;用人单位符合裁减人员条件而被裁员的情况下解除合同的;劳动者不能胜任工作,经过培训或者调整工作岗位仍不能胜任工作,从而被用人单位解除劳动合同的,用人单位应根据劳动者在本单位的工作年限,每满1年发给相当于1个月工资的经济补偿金,最多不超过12个月。工作时间不满1年的,按1年的标准计算。

(三)农民工可以享受带薪年休假和探亲假

《中华人民共和国劳动法》第四十五条规定:"国家实行带薪年休假制度,劳动者连续工作1年以上的,享受带薪年休假。具体办法由国务院规定。"

另外,本书前文已经说明,农民工可以成为劳动法律关系的主体。只要农民工与用人单位签订了劳动合同,又在用人单位连续工作1年以上的,可以享受带薪年休假和探亲假。

但是目前的法律法规没有就放弃年休假和探亲假,用人单位是否给予补偿作出规定,因此这要看单位内部的规章制度。

关于探亲假待遇,根据《国务院关于职工探亲待遇的规定》(国发〔1981〕36号)的规定,凡在国家机关、人民团体和全民所有制企业、事业单位工作满1年的职工,都可以享受探亲待遇。职工在规定的探亲假期和路程假期内,按照本人的标准工资发给工资。

举案说法　农民工也有享受带薪年休假的权利

【案情简介】　张某于1982年5月到被诉人北京某大学管理科做保洁员;1985年到该校劳服公司当售货员;1990年5月到该校后勤集团工作至2004年1月13日。张某最后一次与该大学续订劳动合同是在2003年11月28日,合同期限为2004年1月1日至2004年2月15日。该大学2004年1月13日向她签发了《终止劳动合同意向书》,称拟与其终止劳动合同,并自2004年1

月 15 日起停止其工作。张某认为单位终止劳动合同是违约、违法的行为，遂于 2004 年 4 月 6 日向当地劳动争议仲裁委员会提出申诉，要求该校支付经济补偿金、赔偿金、社会保险费用等及 2003 年带薪年休假工资、探亲假工资。

经劳动争议仲裁委员会裁决，支持了张某要求该校支付经济补偿金、赔偿金、社会保险费用等的请求，至于张某要求该大学支付带薪年休假工资、探亲假工资的诉求，因未向劳动争议仲裁委员会提交该校应向其支付带薪年休假及探亲假工资的证据，故被驳回。

双方当事人均不服劳动争议仲裁委员会裁决的仲裁裁决，向当地人民法院提起诉讼。一审法院的判决与仲裁委员会的裁决基本一致。对于"支付 2003 年带薪年休假工资、探亲假工资"的请求，一审法院驳回的理由是："缺乏法律依据，本院不予支持。"

【法理分析】　此案是外来农民工因带薪年休假待遇问题而与单位打官司的案件。像张某这样的外来农民工，应不应该和其他劳动者一样，享受带薪年休假和探亲假，答案是肯定的。

传统观念上张某属于"临时工"，且是外地人，不应该与"正式工"享受同等待遇，这种认识早已过时。《中华人民共和国劳动法》实行后不再有"临时工"与"正式工"之分，都是单位职工，享受同等待遇。张某从 1982 年开始一直就在该校工作，且与该校签订了劳动合同，所以张某属于受劳动法保护的主体，劳动法所规定的各种权利张某应同样享受。所以张某同样可以享受带薪年休假。张某在职时没有主张享受带薪年休假权利，可视为放弃了带薪年休假权。在目前我国劳动法中只是规定劳动者连续工作 1 年以上的，可以享受带薪年休假，而对于由于各种原因不能休假的，是否加发工资或给予什么奖励，法律并没有规定，所以对本案中张某诉讼中主张支付 2003 年带薪年休假工资的请求，一审法院给予驳回也是正确的。

五、劳动者获取工资、薪金等报酬的权利

用人单位不能随意扣发劳动者工资

《中华人民共和国劳动法》第五十条规定：工资应当以货币形式按月支付给劳动者本人。用人单位不得克扣或者无故拖欠劳动者工资。所谓"克扣"，是指用人单位无正当理由，扣减劳动者的应得工资。用人单位克扣劳动者工资的行为，有两方面的标准：一是看劳动者是否提供了正常的劳动；二是看用人单位是否有正当的理由。如果劳动者按照劳动合同的约定，提供了无过错的正常劳动，而用人单位又不具有扣除工资的法定理由的，就属于克扣劳动者工资。克扣劳动者工资的行为是违法行为，是对劳动者工资权的侵犯。

劳动部颁布的《工资暂行规定》第十五条规定，用人单位不得克扣劳动者工资，有下列情形之一的，用人单位可以代扣劳动者工资：①用人单位代扣代缴的劳动者个人所得税；②用人单位代扣代缴的应由劳动者个人负担的各项保险费用；③法院判决、裁定中要求代扣的抚养费、赡养费；④法律、法规规定可以从劳动者工资中扣除的其他费用。

另外，《工资暂行规定》第十六条规定，因劳动者本人原因给用人单位造成经济损失的，用人单位可按照劳动合同的约定，要求劳动者赔偿经济损失，经济损失的赔偿，可以从劳动者本人的工资中扣除，但每月扣除的部分不得超过劳动者当月工资的20%。若扣除后的剩余工资部分低于当地月最低工资标准，则按最低工资标准支付。上述代扣劳动者工资的情况，不得视为克扣工资。

此外，根据劳动部的有关规定，下列减发工资的情况也不得视为克扣工资：①国家法律、法规中有明确规定的；②依法签订的

劳动合同中有明确规定的；③用人单位依法制定并经职工代表大会批准的厂规、厂纪中有明确规定的；④企业工资总额与经济效益相联系；经济效益下浮时，工资必须下浮的，但支付给劳动者的工资不得低于当地最低工资标准；⑤因劳动者请假等原因相应减发工资的。

因此，只有在法定允许扣除工资的情况下，用人单位才可以扣除劳动者的工资；在法定禁止扣除工资的情况下，劳动合同中允许扣除工资的任何约定条款都无效；即便在法定允许扣除工资情况下，每次扣除额也不得超出法定限额。

举案说法　这种情况用人单位不能扣发赵某工资

【案情简介】　赵某是外地来京的农民工，被某建筑工程公司录用为业务员。一次赵某与某建筑材料厂签订了购买建筑材料的合同，约定3个月内交货，并支付了预交款15万元。3个月过后，建筑材料厂因生产原因无法按时交货，要求延期2个月，并愿意赔偿建筑工程公司的损失。赵某向其所在建筑工程公司说明情况后却被指责为办事不力，影响了公司业务的正常运转，并被告知扣发当月工资和奖金。赵某不服，认为建筑材料厂未按时履行合同并非是由于自己的原因，其本人不存在任何过错，公司扣发其工资和奖金是违法的。于是，赵某向当地劳动争议仲裁委员会提出申诉，最终得到支持。建筑工程公司也补发了赵某当月的工资和奖金。

【法理分析】　本案中，赵某向用人单位提供了正常的劳动，购买建筑材料的合同未能及时履行是某建筑材料厂的生产原因，与赵某并没有直接的因果关系，赵某并不存在过错。而且，建筑工程公司扣发赵某工资的理由不在代扣、扣发、减发工资的法定范围内，因此是违法行为。

当然，本案中如果造成购买建筑材料合同不能按时履行的原因是由赵某造成，并使建筑公司遭受经济损失的，公司可按照劳动

合同的约定,要求劳动者赔偿经济损失,经济损失的赔偿可以从劳动者本人的工资中扣除,但每月扣除的部分不得超过劳动者当月工资的20%。若扣除后的剩余工资部分低于当地月最低工资标准,则按最低工资标准支付。

六、工伤的规定与认定

(一)应认定工伤或者视同工伤的几种情形

《工伤保险条例》第十四条规定应当认定为工伤的情形:①在工作时间和工作场所内,因工作原因受到事故伤害的;②工作时间前后在工作场所内,从事与工作有关的预备性或者收尾性工作受到事故伤害的;③在工作时间和工作场所内,因履行工作职责受到暴力等意外伤害的;④患职业病的;⑤因工外出期间,由于工作原因受到伤害或者发生事故下落不明的;⑥在上下班途中,受到机动车事故伤害的;⑦法律、行政法规规定应当认定为工伤的其他情形。

《工伤保险条例》第十五条规定应当视同为工伤的情形:①在工作时间和工作岗位,突发疾病死亡或者在48小时之内经抢救无效死亡的;②在抢险救灾等维护国家利益、公共利益活动中受到伤害的;③职工原在军队服役,因战、因公负伤致残,已取得革命伤残军人证,到用人单位后旧伤复发的。

举案说法　工地作业摔成植物人应认定为工伤

【案情简介】 谭某来自重庆市农村,2002年9月24日,谭某经老乡介绍到某地铁站施工工地做工,与挖孔桩工程项目经理周某签订协议,在其手下挖孔桩,未办理工伤保险。2003年1月19日中午,谭某在一地铁站做挖孔桩作业时,不幸在一孔桩坑内掉进

坑底，当场昏迷，后被诊断为深度脑昏迷（植物人）。2003 年 11 月 18 日，伤者的家属申请了劳动仲裁，向汕头××公司索赔。后争议双方对裁决不服，均提起诉讼。最后，法院判决汕头××公司支付谭某赔偿金 45 万元。

【法理分析】 本案中，原告虽然是与项目经理周某签订的协议，但原告依法有权追究与其有劳动关系的用人单位承担其工伤保险责任，结合本案的事实，与原告形成劳动关系并具备用人资格的单位是被告汕头××公司。原告是在劳动过程中受伤，符合《工伤保险条例》第十四条第①项的规定，依法应当认定为工伤，而被告汕头××公司未给原告办理工伤保险，但应按有关法规规定的工伤保险待遇标准向原告进行赔偿。

（二）不得认定为工伤的几种情形

《工伤保险条例》第十六条规定不得认定为工伤或者视同工伤的情形：①因犯罪或者违反治安管理伤亡的；②醉酒导致伤亡的；③自残或者自杀的。

（三）工伤与雇佣伤害的区别

工伤是指劳动者在生产、劳动过程中，因工作、执行职务行为或从事与生产劳动有关活动，发生意外事故而受到的伤、残、亡或患职业疾病。

雇佣伤害是指雇工在雇主的指挥下，按照雇主的意思完成雇主交付的任务时自己的人身受到损害。

1. 适用法律不同 工伤赔偿是由劳动法调整，它在发生工伤赔偿后，只能依据劳动法律法规来处理，工伤赔偿具体的依据是《劳动法》和《工伤保险条例》的规定。雇佣损害赔偿，是由民法来调整，它直接适用民法侵权行为法的相关条款和规定责任、原则来处理。

2. 两者赔偿的主体不同 工伤赔偿的主体是限定性的。根据《工伤保险条例》的规定，工伤赔偿的主体是用人单位，即指企业和有雇工的个体工商户。雇佣损害赔偿的主体既可以是自然人，也可以是企业，也可以是个体经济组织。

3. 构成条件不同 工伤的构成必须有劳动关系。没有劳动关系的，不可能有工伤。而雇佣损害必须存在雇佣关系。

4. 确定损害程度的途径不同 工伤的认定机构是劳动部门。对于工伤认定不服的必须申请劳动仲裁委员会裁决，由劳动部门认定是否可以重新鉴定。如裁决维持的，劳动者只能通过行政诉讼来解决。而雇佣损害赔偿，雇工的伤情确定，只要有鉴定资格的机构均可以确定其伤情等级。对鉴定结论不服的，当事人经协商可以到鉴定机构重新鉴定，或通过民事诉讼程序向法院申请重新鉴定。

5. 请求赔偿的时效不同 用人单位未按规定提出工伤认定申请的，工伤职工或者其直系亲属、工会组织在事故伤害发生之日或者被诊断、鉴定为职业病之日起 1 年内，可以直接向用人单位所在地统筹地区劳动保障行政部门提出工伤认定申请。然后，按照劳动争议的程序进行处理。雇佣损害赔偿可依据《中华人民共和国民法通则》侵权赔偿时效 1 年的规定，从受害人明知和知道自己的权利被侵害之日起。

6. 解决纠纷的途径不同 工伤赔偿解决的途径，必须依据《劳动法》规定来处理，必须经过仲裁程序。对仲裁裁决不服的才可以通过诉讼程序来解决。雇佣损害赔偿，当事人可直接起诉到人民法院，通过诉讼方式直接解决赔偿事宜。

7. 赔偿的标准不同 工伤赔偿，我国《工伤保险条例》确定了统一的标准。参照标准对工伤者进行赔偿。雇佣受害者的赔偿，依据的《民法通则》没有具体明确的标准，只有赔偿范围。

举案说法　保姆坠楼摔伤，不能认定工伤

【案情简介】 安徽保姆周某经劳动中介介绍，到雇主家从事家政服务，后在擦玻璃时从雇主家的四楼摔下，腹腔大量出血，脾脏破裂，腰椎粉碎性骨折。经抢救，周虽保住了生命，但需再做手术方可摆脱终生瘫痪的危险。可是，高额医药费使贫穷的周某无能为力；已经为其支付2万元医药费的雇主也表示难以为继。

【法理分析】 我国《劳动法》的调整对象是劳动者与用人单位之间的劳动关系，目前尚未将家政人员与雇主之间的雇佣关系纳入其调整范围。家政人员能否享受工伤待遇，关键看是否与家政服务公司存在劳动关系。

本案中，周某并没有与劳务中介签订劳动合同，劳动中介的职能仅仅是职业介绍，与周某的关系，也是在一次性收取中介费后即告终结。所以劳务中介并不是周某的用人单位，与周之间也并不存在劳动关系，虽然周某是在工作中受伤，但是不能认定为工伤。因此，周某只能通过雇佣伤害的途径请求雇主赔偿。

家政服务人员要注意通过正规的家政服务公司介绍工作，并争取与家政服务公司签订劳动合同，这样才有保障。

七、劳动争议的解决

（一）劳动争议的解决途径

《劳动争议仲裁条例》第六条规定："劳动争议发生后，当事人应当协商解决；不愿协商或者协商不成的，可以向本企业劳动争议调解委员会申请调解；调解不成的，可以向劳动争议仲裁委员会申请仲裁。当事人也可以直接向劳动争议仲裁委员会申请仲裁。对仲裁裁决不服的，可以向人民法院起诉。"可见，劳动争议有以下4

种解决途径。

1. 协商程序　协商是指劳动者与用人单位就争议的问题直接进行协商，寻找纠纷解决的具体方案。实践中，职工与用人单位经过协商达成一致而解决纠纷的情况较多，效果很好。但是，协商程序不是处理劳动争议的必经程序，而是完全出于自愿，任何人都不能强迫。

2. 申请调解　调解程序是指劳动纠纷的一方当事人就已经发生的劳动纠纷向劳动争议调解委员会申请调解的程序。根据《中华人民共和国劳动法》规定：在用人单位内，可以设立劳动争议调解委员会负责调解本单位的劳动争议。除因签订、履行集体劳动合同发生的争议外均可由本企业劳动争议调解委员会调解。与协商程序一样，调解程序也由当事人自愿选择，且调解协议也不具有强制执行力，如果一方反悔，同样可以向仲裁机构申请仲裁。

3. 仲裁程序　仲裁程序是劳动纠纷的一方当事人将纠纷提交劳动争议仲裁委员会进行处理的程序。仲裁裁决具有强制执行的效力，仲裁是解决劳动纠纷的重要手段。申请劳动仲裁是解决劳动争议的选择程序之一，也是提起诉讼的前置程序，即如果想就劳动争议提起诉讼，必须要经过仲裁程序，不能直接向人民法院起诉。

4. 诉讼程序　《中华人民共和国劳动法》第八十三条规定："劳动争议当事人对仲裁裁决不服的，可以自收到仲裁裁决书之日起 15 日内向人民法院提起诉讼。一方当事人在法定期限内不起诉，又不履行仲裁裁决的，另一方当事人可以申请人民法院强制执行。"诉讼程序是由不服劳动争议仲裁委员会裁决的一方当事人向人民法院提起诉讼后启动的程序。法院作出的判决也具有强制执行力。

(二)劳动争议的仲裁申请时效及诉讼时效

劳动争议的申请仲裁时效,是劳动争议的当事人向劳动争议仲裁机构申诉权利的期间。

我国《劳动法》规定,当事人可以在劳动争议发生之日起 60 日内向劳动争议仲裁委员会申请仲裁。对仲裁裁决不服的,可以在收到仲裁裁决书之日起 15 日内向人民法院提起诉讼。

举案说法　超过仲裁申请时效,13.5 万元奖金请求不予支持

【案情简介】　刘某是某单位员工,某单位前任经理在任职期间,向被告下发了“销售奖金发放明细与签收单”。签收单上约定,应付员工金额 13.5 万余元,应付日期 2003 年 1 月 30 日。2003 年 10 月原告就支付销售奖金一事,向天津市某区劳动争议仲裁委员会提出仲裁申请,请求支付销售奖金并获支持。仲裁裁决后,某单位不服向法院起诉。

天津市第一中级人民法院终审认为:刘某在原告公司做销售工作,公司给其下发的“2002 年销售奖金发放明细与签收单”上的应付款日期是 2003 年 1 月 30 日,刘某应在该时间后的法律规定的期限内提出仲裁申请。由于未在法定的期限内申请,故超出仲裁申请期限。目前,刘某主张此单是在 2003 年 8 月份收到的,但没有证据予以证明,因此不能得到法律上的支持。

【法理分析】　本案是一个典型的因超过仲裁申请时效合法权益得不到法律保护的案例。刘某应在 2003 年 1 月 31 日起的 60 日内向劳动仲裁机构申诉。而刘某在 2003 年 10 月申请仲裁,显然超过时效。因此,虽然手握一张单位盖了公章的 13.5 万元销售奖金单,却根本无法获得支持。但是如果刘某有证据证明“销售奖金发放明细与签收单”确是 2003 年 8 月收到的,那么仲裁申请时效应从 2003 年 8 月起算。

(三)劳动争议的受案范围

当事人之间的纠纷性质必须是劳动争议,具体包括:①因企业开除、除名、辞退职工和职工辞职、自动离职发生的争议;②因执行国家有关工资、保险、福利、培训、劳动保护的规定发生的争议;③因履行劳动合同发生的争议;④法律、法规规定应当依照本条例处理的其他劳动争议。

(四)申请劳动仲裁需提供的资料

第一,劳动争议仲裁申诉书。内容包括:①劳动者的姓名、职业、住址和工作单位、联系电话;企业的名称、地址和法定代表人的姓名、职务、联系电话;②仲裁请求和所根据的事实和理由;③证据、证人的姓名和住址。

第二,申诉人及被诉人的身份证明文件。内容包括:①申诉人的身份证原件和复印件;②被诉人法人注册登记资料原件(此资料可到企业登记的工商行政管理部门进行查询)。

第三,有关的证据材料复印件及证据清单。

(五)从事建筑工程工作的农民工的维权注意事项

在工作之前一定要注意以下 4 个问题:①在签合同时,农民工要尽量与发包单位直接签订合同,写明工程名称、发包单位名称、工资结算日期等;②如果工程是被人转包过的,要特别留意老板的资产状况、联系方式等具体资料;③农民工追索劳动报酬的法律时效是 2 年,被老板拖欠工资后,一定要及时向有关部门反映;④如果要通过法律途径要回工资,农民工要注意搜集保存证据,包括劳动合同、工资单、欠条、人证等。

(六)要依法维权,不铤而走险

首先,农民工应增强合同意识,与用人单位签订规范的劳动合同,针对劳动工作的内容、报酬、期限、双方责任等作出明确的约定。要充分认识到劳动合同既是建立劳动关系的有效法律凭证,也是处理劳动争议的重要依据。

其次,农民工应学法知法,知道自己的合法权益是否被侵害以及如何维护自身权益。

再次,农民工应增强依法维权意识,要敢于和善于运用法律武器来维护自己的合法权益。劳动争议发生后,要及时向用工单位要求调解或向当地劳动仲裁机构提出仲裁申请。如果对仲裁裁决不服的,可在法定期限内向人民法院提起诉讼。同时,要有证据意识,劳动争议发生后,要及时搜集证据,如劳动合同书、工资表、工伤鉴定结论等。

举案说法　辞职被扣押金,愤而杀人进牢房

【案情简介】　阿辰在广东汕头潮南区峡山镇打工,2005 年 7 月 8 日,因为到朋友家喝满月酒喝醉旷工 1 天,阿辰被工厂辞退。他在厂里干了 4 个月,应该赚到 3 000 元左右,可是工厂只给了 600 元,他借了老板 300 元,一共得了 900 元,其余欠他的 1 000 多元,老板说是必须交给厂里的押金。在领取工资和扣压身份证问题上与主管发生了冲突,阿辰把主管阿章砍死。7 月 9 日,潜逃到深圳宝安公明镇的阿辰到公安机关自首。

【法理分析】　本案中,工厂扣押员工身份证、扣押工资以及任意延长工时、不给工人休息时间的现象在南方的一些私营企业非常普遍。遇到类似情形,农民工要学会运用法律武器来捍卫自身的合法权益。如向当地劳动监察大队投诉,通过劳动仲裁与诉讼的途径解决劳动争议。切不可一时冲动,走上违法犯罪道路。

本案中，阿辰应该采取劳动仲裁等合法途径要求工厂返还被扣工资和身份证，但因其一时冲动走上了不归路。需要特别指出的是，由于我国目前的法律法规的不健全和地方执法部门的执法不力等原因，可能会使农民工的合法权益得不到应有的保护，即便如此，农民工也应该权衡利弊，不能走上违法犯罪道路。

第三章 城郊农民如何维护在经济合同关系中的合法权益

城郊农民居住的地方靠近市区，城市居民对农副产品的大量需求带动了城郊经济的发展。城郊农民的经济活动无论在广度上还是在深度上都远远超过了其他地区的农民。合同则是城郊农民从事经济活动必不可少的手段，如果城郊农民能够认真审查合同条款，合理确定自己和交易对方的权利和义务，那么就可以有效地避免上当受骗，在出现纠纷时也可以依据合同来维护自己的合法权益。

一、合同的含义

合同是平等的自然人、法人和其他组织之间设立、变更、终止民事权利义务关系的协议。对于合同我们可以从以下几个方面加以理解。

（一）合同的当事人具有平等的法律地位

合同的一个最基本的特征是发生在法律地位平等的主体之间。例如，王某和刘某签订了一个买卖水泵的合同，他们在这个买卖合同中没有命令与服从的关系，地位是平等的。如果刘某卖给王某的是不符合国家标准、存在特别大的安全隐患的水泵，有关机关就可以依法对刘某进行处罚，这个时候，该行政机关与刘某之间就是命令与服从的关系，而不是平等的民事关系了。

(二)合同是当事人之间意思表示一致的结果

通俗地说,意思表示一致就是当事人对合同的内容都表示同意。例如,张某要个体运输户何某为他运输一批水果,运费是1 000元,如果二人都同意这个内容,那么这就是意思表示的一致,由此可以产生有效的合同。如果何某认为价钱太低,不接受这个提议,那么当事人就没有达成意思表示的一致,也就不能产生合同。

(三)合同的内容是设立、变更或者终止民事权利义务关系

设立民事权利义务关系是指通过订立合同在当事人之间形成原本不存在的民事权利义务关系。我们还是以上述王某和刘某签订买卖水泵的合同为例,在签订这个合同之前,二人之间并不存在买卖水泵的关系,王某不可能要求刘某把水泵交给他,但是通过签订合同,两个人之间就有了一方交钱一方交货的约束,谁都不能反悔。

变更民事权利义务关系是在保持原来的民事权利义务关系效力的基础上,部分地改变原来的民事权利义务关系。例如,王某要买刘某的水泵,二人以 2 000 元的价格签订了合同,此时二人之间就存在了民事权利义务关系。但后来刘某觉得价格太低,二人又签订了一个合同,把第一个合同的价格增加到 2 500 元。第二个合同就是在保持第一个合同效力的前提下变更了其中的价格条款。

终止民事权利义务关系是使原来的民事权利义务关系归于消灭。例如,王某与刘某买卖水泵的合同签订后,王某不想买了,而刘某也不想卖了,二人又签订了一个合同解除了第一个合同。这第二个合同的作用就是使二人之间已经存在的买卖水泵的权利义务关系不再存在。

(四)依法成立的合同具有法律约束力

依法成立的合同受国家法律的保护,当事人必须按照合同的内容来履行自己的义务,不得单方面擅自变更或者解除合同。除了法律规定的特殊情况外,当事人不履行合同或者没有按照要求履行合同,都要承担违约责任。

二、签订合同的形式

合同的形式,就是要签订合同的人采取什么方式来订立合同。根据我国《合同法》的规定,订立合同可以采用书面形式、口头形式和其他形式。法律、行政法规规定采用书面形式的,应当采用书面形式,否则的话可能导致合同不成立。

(一)口头形式

是指使用语言来表示签订合同的愿望而订立合同。以口头形式订立合同具有简便易行的优点,在日常生活中经常被采用。例如,商店中的零售、农贸市场上的现货交易一般都采用口头形式订立合同。根据我国《合同法》的规定,只要当事人没有其他约定,法律也没有规定必须采用其他特定形式的合同,都可以采用口头形式。以口头形式订立合同的缺点是发生纠纷的时候难以分清责任,所以不能立刻交货付款的合同和涉及的财物数额较大的合同一般不采用这种形式。

(二)书面形式

是指合同书、信件以及数据电文(包括电报、电传、传真、电子数据交换和电子邮件)等可以有形地表现所载合同内容的形式。以书面形式订立的合同在发生纠纷时比较容易取证,有利于迅速

地解决纠纷。所以不能立刻交货付款的合同和涉及的财物数额较大的合同要尽可能采用书面形式。

(三)其他形式

是指除了口头和书面以外的合同形式。例如,农民某甲表示想购买农民某乙的货物,某乙主动送货上门,送货上门的行为也可以使合同成立。

三、合同中包含格式条款时应注意的问题

城郊农民在签订运输合同、保险合同等类型的合同时往往会遇到合同的格式条款这个特殊的问题。

格式条款是为了反复使用而由一方当事人预先制定的、在订立合同时不允许对方协商的条款。格式条款由一方当事人事先拟定好,另一方当事人不能讨价还价,他或者接受,或者放弃。例如,某果农要求铁路运输部门为他运输水果,此时果农和铁路运输部门之间就存在 种签订合同的关系,但是果农不能和铁路运输部门协商运费,他要么接受铁路部门事先统一制定的运费标准,要么选用其他运输工具。根据我国《合同法》的规定,提供格式条款的一方应当采取合理措施提醒对方注意免除或限制其责任的条款,并应按照对方的要求对该条款予以说明。

需要注意的是,在有些情况下格式条款是无效的。除了合同法规定的合同无效的情况外,格式条款的无效还包括以下 3 种情况。

第一,当事人免除其责任的条款。制定格式条款的一方当事人免除自己的责任就会损害对方当事人的利益,这样的条款当然是无效的。

第二,当事人加重对方责任的条款。加重对方责任和免除自

己的责任一样，都是使对方多承担合同义务，这是不公平的。

第三，当事人排除对方权利的条款。排除对方的权利就是使对方不能享有本来应当由对方享有的权利，这样的条款也是无效的。

举案说法　单方限制自己责任的格式条款的效力

【案情简介】　农民何某到镇上一家修理厂修理价值1 000元的便携式抽水机。在修理厂出具的凭证上印有，“如因意外遗失或损坏修理物的，最高按修理费10倍赔偿”的字样。何某未加注意，便拿着凭证回家了。取货时，修理厂说抽水机不慎被盗，公安机关还没有破案。何某要求按原价赔偿，而修理厂声称最多只能赔偿200元。因为该公司已经规定遗失修理物最多赔偿费用的10倍。

【法理分析】　本案涉及到修理厂印制在凭证后面的条款的效力问题。修理厂印制在凭证上的条款属于格式条款，它是修理厂为了反复使用而制定的。何某没有注意到凭证上的“按修理费10倍赔偿”的字样，该格式条款并没有订入合同。因为根据《合同法》的规定，既然修理厂提供了格式条款，那么它就应当提醒何某注意该条款，并应按照何某的要求对该条款予以说明。但修理厂并没有尽到这样的义务，该格式条款不能约束何某。何某可以要求修理厂按照实际损失进行赔偿。

四、合同无效的情形

合同的效力是法律赋予依法成立的合同的约束力，当事人必须严格遵守生效的合同，否则就要被追究违约责任。合同无效是指合同欠缺有效要件，不发生法律效力。城郊农民在签订合同时一定要注意避免出现合同无效的情况，否则即使签订了合同也达不到交易的目的，而且还有可能造成损失。

根据《合同法》的规定，合同无效主要有以下几种情况。

(一)一方以欺诈、胁迫的手段订立的损害国家利益的合同

欺诈是指一方当事人故意编造事实或者隐瞒事实真相实施的欺骗他人的行为。胁迫包括两种情况：一是一方当事人直接给对方造成人身和财产损害，迫使对方当事人签订合同。二是一方当事人以将来要给对方的人身和财产造成损害相威胁，使对方产生恐惧而签订合同。以欺诈、胁迫的手段订立的损害国家利益的行为具有违法性，当然是无效的。

(二)恶意串通，损害国家、集体或者第三人利益的合同

恶意串通是当事人双方具有共同的希望通过订立合同损害国家、集体或者第三人的利益的意图。恶意串通一般表现为双方当事人共同谋划，相互配合行动，或者共同进行某种行为。

(三)以合法形式掩盖非法目的的合同

这是指合同在形式上是合法的，但在签订合同的目的上是非法的。例如，农民甲和农民乙签订了一个有偿转让工厂的合同，但是合同中约定的转让工厂的价款却是正常价格的 1/10。这个合同从表面上看是一个合法的合同，事实上二人是亲戚关系，签订该合同的真正目的是逃避欠银行的债务。这时这个合同就是无效的。

(四)违反社会公共利益的合同

违反公共利益就是违反社会全体的共同利益，这将会给社会造成损害。

(五)违反法律、行政法规的强制性规定的合同

合同的内容由当事人协商确定,法律一般并不干涉,这是合同自由原则的体现。但是,当事人必须遵守法律、行政法规的强制性规定,这是当事人的义务,否则就会导致合同的无效。例如,某人为了报复与自己在承包土地过程中结下冤仇的村干部,与一个地痞签订了以伤害该村干部为内容的合同。这个合同违反了刑法的规定,当然是无效的。

举案说法　损害社会公共利益的合同无效

【案情简介】 村民吴某经人介绍与甘某签订了购买旧衣服的合同。合同约定,旧衣服每件5元,货到付款。事实上,这批旧衣服是未经报关从海外走私进口的“洋垃圾”。甘某辗转从他人手中购入一批这种“洋垃圾”,把可能染有病菌的旧衣服简单浆洗之后,卖给了吴某。

【法理分析】 本案案情很简单,是买卖“洋垃圾”合同的效力问题。“洋垃圾”包含有未经消毒处理的有害物质,其中的旧衣服更是会危害人体健康。虽然从表面上看,二人签订的是购销合同,但是,合同的标的物是有害的,该行为是违反社会公共利益的行为,因此,该合同应是无效的。

五、通过撤销、变更合同来维护合法权益

可变更、可撤销合同是由于某种事由的发生,当事人可以请求人民法院判决改变合同内容或者使合同失去效力的合同。

撤销或者变更合同的理由往往是一方当事人签订合同的意愿不真实。城郊农民在签订了下述合同时可以请求人民法院变更或者撤销该合同。

(一)发生重大误解的合同

重大误解,是指行为人对涉及合同法律效果的重要事项存在认识上的缺陷,使误解人受到了较大损失。确定合同是否为因重大误解而订立,应考虑当事人的状况、活动性质、交易习惯等各方面因素。发生一般的误解并不能变更或撤销合同,只有在对合同的主要因素发生误解的情况下,才可能对当事人的权利和义务发生较大影响。如果是对合同的非主要因素发生误解,一般不会影响当事人的权利和义务,不应认定为重大误解。《最高人民法院关于贯彻执行〈中华人民共和国民法通则〉若干问题的意见》第七十一条规定:"行为人因行为的性质、对方当事人、标的物的品种、质量、规格和数量等的错误认识,使行为的后果与自己的意思相悖,并造成较大损失的,可以认定为重大误解。"合同的当事人是否发生了重大误解,可以遵照上述规定来认定。

(二)显失公平的合同

显失公平的合同是指一方当事人利用优势或者利用对方没有经验订立的致使双方的权利义务明显违反公平正义原则的合同。例如,吴某购买张某的货物,由于社会阅历较浅,吴某支付给张某的金钱超过损失几倍,这种合同就属于显失公平的合同。显失公平的合同使当事人双方的权利和义务极不对等、经济利益不平衡,违反了公平合理、等价有偿原则,因而受损失的当事人可以请求变更或撤销。

(三)一方以欺诈、胁迫的手段订立的合同

以欺诈手段订立的合同是指一方当事人故意告知对方虚假情况,或者故意隐瞒真实情况,诱使对方当事人作出错误意思表示而订立的合同。欺诈行为表现为故意陈述虚伪事实或故意隐瞒真实

情况使他人陷入错误的行为。所谓故意告知虚假情况，也就是指把不真实的信息告诉对方。所谓故意隐瞒真实情况，是指行为人应当如实告知对方某种真实的情况而故意不告知。

以胁迫手段订立的合同是指以将来要发生的损害相威胁，使对方产生恐惧而订立的合同。例如，以将要谋害对方相威胁，或以将要告发对方私生活中不轨行为相威胁，迫使对方订立合同。

（四）乘人之危的合同

所谓乘人之危的合同，是指行为人利用他人的危难处境或紧迫需要，强迫对方接受某种明显不公平的条件，违背其真实意愿而订立的合同。所谓危难，包括经济上的穷困，也包括生命、健康、名誉等要遭受损害的紧急情况。不过，这里的危难并不是利用危难的人的不法行为造成的，而是已经客观存在的。所谓急迫，是指因情况比较紧急，迫切需要对方提供财物、劳务、金钱等等。乘人之危的行为，往往使受害人被迫接受十分不利的条款，订立了使自己受到损害的合同。不法行为人则取得了在正常情况下不可能取得的重大利益，这种行为明显违背了公平原则，超出了法律所允许的限度。

变更权和撤销权由遭受损害的一方当事人享有，如重大误解中的误解人、显失公平中的遭受重大不利的一方，受欺诈人、受胁迫人等。有权撤销或变更合同的机关是人民法院，当事人只能请求人民法院变更或撤销合同。但要注意，如果当事人没有提出请求，人民法院不能依职权主动变更或撤销该合同。权利人有权请求变更合同，也有权请求撤销该合同。变更权与撤销权尽管存在着密切联系，但两者是有区别的。撤销权的行使，旨在使合同自始不发生效力；而变更权的行使并不是撤销合同，而只是变更合同的部分条款。如果当事人仅请求变更合同而没有要求撤销，人民法院不得撤销该合同。

需要注意的是，具有撤销权的当事人自知道或者应当知道撤销事由之日起1年内没有行使撤销权的，撤销权消灭。具有撤销权的当事人知道撤销事由后明确表示或者以自己的行为放弃撤销权的，撤销权也消灭。

举案说法　因受欺诈签订的合同是可撤销合同

【案情简介】　刘某从事服装生意，由于没有经验，起初生意做得并不成功。后来他觉得西服的市场销路不错，找人介绍认识了某服装公司的业务员田某。刘某对田某说想购进一批纯毛西服，于是田某带着刘某到货仓看货。刘某无法确定是不是纯毛西服，就问田某西服是不是纯毛的，田某回答说是纯毛的。于是刘某与田某订立了买卖合同。双方约定，田某提供1 000套西服，先交货200套，然后在3个月内另交800套，每套500元。合同签订后，刘某支付了10万元，提走西服200套。

刘某以每套700元的价格出售该西服，但很少有人购买。他后来发现，市场上同类西服的售价一般仅为450元一套。经过询问他得知，这种西服的批发价在300元以下。于是，刘某找到田某，要求降低价款，并表示不想再购买剩下的800套西服。田某认为，双方签订的合同是自愿的，并且是刘某看了样品后订货的，要求继续履行合同。于是刘某起诉到法院。

【法理分析】　本案中，刘某在经验不足的情况下询问卖方田某西服是不是纯毛的，田某的回答是肯定的。但是，事实上这种西服的批发价在300元以下，根本不是纯毛西服。作为西服生产厂家的业务员，田某是知道这种价位西服的用料情况的，但他却故意隐瞒了事实真相，获得了更高的收益。田某的行为属于欺诈，刘某是在田某的欺骗下签订了合同，因此该合同属于可撤销合同，刘某可以要求法院予以撤销来维护自己的权益。

六、在合同效力待定的情况下如何维护自己的权益

效力待定的合同就是已经成立，但只有经过他人的追认才能弥补欠缺的要件从而确定地发生法律效力的合同。如果有追认权的人在一定期间内不予追认，则合同归于无效。这类合同在被追认以前处于效力不确定的状态，因而称为效力待定合同。根据《合同法》的规定，效力待定的合同包括以下几种。

(一)限制民事行为能力人依法不能订立的合同

限制民事行为能力人不具有完全的民事行为能力，他们签订合同应由法定代理人代理进行。但是他们可以自己订立纯获利益的合同或者与其年龄、智力、精神状况相适应的合同。限制行为能力人订立的依法可以独自订立的合同之外的合同就是效力待定的合同，需要法定代理人追认才能生效。相对人，也就是合同的另一方当事人可以催告法定代理人在1个月内予以追认，法定代理人逾期不追认即视为拒绝追认，合同不发生效力。当然，善意的相对人在法定代理人做出追认前可以撤销合同，使合同不产生效力。

(二)无权代理人签订的合同

无权代理包括没有代理权、超越代理权和代理权终止3种情况。没有代理权是指自始就没有得到被代理人的授权；超越代理权是指代理人的行为超出了被代理人的授权范围；代理权终止是指被代理人已经终止了与代理人的授权代理关系。对于无权代理签订的合同，被代理人予以追认的，合同有效；不予追认的，合同无效。相对人也可以催告被代理的人在1个月内予以追认，被代理的人逾期不追认视为拒绝追认。善意相对人在追认前也可以撤销

合同，使合同不产生效力。

(三)无处分权的人处分他人财产而签订的合同

无权处分人处分他人财产签订的合同，一般情况下是无效的。但是，经权利人追认或行为人于缔约后取得处分权时，合同自始有效。例如，甲擅自把从乙那里借来的耕牛卖给了丙，这个买卖合同是无权处分合同，如果乙也想出卖耕牛，他可以追认该合同，使合同产生效力。

如果与城郊农民签订合同的是限制民事行为能力人、无权代理人或者无处分权人，而且城郊农民希望合同有效，那么他可以进行催告；如果他不希望合同产生效力，则可以行使撤销权使该合同失去效力。如果其他人无代理权而代理城郊农民签订合同，或者通过签订合同处分了属于城郊农民财产的话，那么城郊农民可以依据自己是否希望合同生效的愿望而选择行使追认权或者否认权。

举案说法　未经追认的无权代理合同不生效

【案情简介】　李某原为甲公司业务员，后被甲公司解聘。几个月后，李某利用偷偷保留的钥匙盗取了甲公司盖有公章的空白合同书2份。不久，李某使用该空白合同书以甲公司的名义与乙公司订立了买卖农药的合同。合同约定，甲公司向乙公司购买价值10万元的农药一批，货到付款。合同订立后，乙公司询问甲公司交货事宜，但甲公司答复说没有签订过该合同，并要求乙公司不要发货。乙公司接到甲公司的答复后，认为其与甲公司的合同有效，并按合同约定的时间发货。由于甲公司拒绝收货，乙公司遂诉至法院，要求甲公司承担违约责任。

【法理分析】　李某使用盗取来的空白合同书代理甲公司与乙公司订立了合同，属于无权代理。该合同没有被甲公司追认，对

甲公司不发生效力。乙公司的损失应由李某负责赔偿。

七、在合同履行中应注意的问题

合同有效成立后，需要通过当事人的履行来达到最终目的。对于合同的履行，如果城郊农民不注意履行自己的义务就会被追究违约责任，如果不注意对方如何履行合同义务也可能利益受损。

（一）当事人应当实际履行合同

实际履行是要求当事人按照合同约定的行为来履行合同，不能任意用其他行为代替合同中约定的行为。合同规定的标的物是什么，就履行什么。但是，在法律有规定或者在客观上已经不可能或者不需要实际履行时，当事人可以不再实际履行，而以金钱赔偿等办法解决。例如，货物运输合同中，根据货物运输合同的规定，因运输部门原因造成运送货物灭失损毁时，运输部门只承担货物实际损失的赔偿责任，而不再实际履行运送义务。再如，买卖某个独一无二的物品时，如果该物品发生毁损灭失，此时就属于无法实际履行。

（二）当事人应当适当履行合同

适当履行就是全面、正确地履行合同的义务。适当履行要求合同当事人按照合同规定的行为以及物品的质量、数量，在适当的期限、适当的地点，以适当的方式，全面完成合同约定的义务。适当履行既要求当事人按合同规定的行为实际履行，也要求交付的标的物、提供的劳务符合合同规定的数量、质量，还要求交付标的物、提供劳务的时间、地点、方式适当。由此可见，适当履行必然是实际履行，而实际履行却不一定是适当履行。

(三)当事人应当协作履行合同

协作履行合同是指当事人不仅应各自适当履行自己的合同义务,还应当尽量协助对方履行合同义务。根据协作履行的要求,债务人按照合同规定给付合同约定的物品时,债权人不但应当接受,还应当积极配合义务人的履行行为,为对方履行债务提供必要的条件。债务人由于某种原因不能履行或不能完全履行合同债务时,应当积极采取措施,防止损失扩大。否则,要对扩大的损失承担责任。合同当事人之间应当互通情况,及时通告履行中遇到的重大问题,如果发生不能履行合同的情况,应及时通知对方,以便对方及时采取补救措施。合同当事人还应当履行保密义务,保守对方当事人的技术秘密、经营秘密。

八、通过行使合同履行抗辩权来维护权益

抗辩权是指对抗请求权或能够阻止请求权效力的权利。请求权是指要求他人为一定行为或者不为一定行为的权利。例如,某甲和某乙签订了买卖合同后,某甲有权请求某乙交付货物,而某乙则有权请求某甲支付价款。抗辩权是合同法赋予当事人的对抗对方请求权的权利。例如,上例中的某甲在某乙请求支付价款的时候可以基于某种理由暂时拒绝支付价款,这就是对抗请求权的抗辩权。合同法规定了同时履行抗辩权、先履行抗辩权和不安履行抗辩权 3 种抗辩权,城郊农民可以使用这 3 种抗辩权在合同履行过程中维护自己的合法权益。

(一)同时履行抗辩权

同时履行抗辩权是指当事人互负债务而没有先后履行顺序的,应当同时履行,一方在对方未履行之前有权拒绝其履行请求,

一方在对方履行债务不符合约定时,有权拒绝其相应的履行请求。行使同时履行抗辩权应具备以下条件:

1. 合同双方当事人互负债务 例如,甲向乙购买拖拉机,双方签订买卖合同,甲负有支付价款义务,乙负有给付拖拉机的义务。而且双方互付的债务是基于同一个合同产生,否则当事人不能行使该抗辩权。

2. 双方互负的债务均已届清偿期 清偿期就是可以请求履行义务的时间界限,只有双方的债务同时到了清偿期时,才能行使同时履行抗辩权。

3. 对方没有履行债务 合同当事人只有在对方没有履行债务而要求自己履行时,才可以行使同时履行抗辩权。

(二)先履行抗辩权

在合同当事人双方的债务有履行的先后顺序、应当先履行的合同义务已经到期的情况下,后履行合同义务的当事人可以拒绝对方的履行请求。例如,甲、乙双方签订了购买拖拉机的买卖合同,双方约定甲先付款,那么在甲没有付款的情况下乙可以拒绝交付拖拉机。先履行抗辩权比较容易理解,在实践中也是经常使用的。

(三)不安履行抗辩权

不安履行抗辩权就是应当先行履行债务的当事人,有确切证据证明对方有下列情形之一的,可以中止履行:经营状况严重恶化的;转移财产、抽逃资金以逃避债务的;严重丧失商业信誉的;有其他丧失或可能丧失履行债务能力情形的。例如,甲向乙出售种子,双方约定甲先向乙交付种子,乙收到种子后向甲支付货款。但甲发现乙的经营状况已经严重恶化,有可能无法支付货款,此时甲有权行使不安履行抗辩权,中止自己交付种子的行为。行使不安履

行抗辩权应具备的条件是：

第一，不安履行抗辩权适用于有先后履行顺序的合同，而且只有应当先履行义务的人可以行使。

第二，应当先履行义务的人只有在后履行义务人履行能力明显下降、有不能履行义务的危险，危及到先行履行义务人的债权时，才能行使不安履行抗辩权。

举案说法 同时履行抗辩权的行使

【案情简介】 果农某甲与乙纸制品厂签订定做合同，定做包装水果的纸箱 1 000 个。双方约定 2 个月后钱货两清。履行时间到来后，纸制品厂以资金周转困难为由要求某甲先支付货款，用货款偿付购买原材料的债务。某甲拒绝了纸制品厂的请求，双方发生纠纷。

【法理分析】 双方当事人约定 2 个月后钱货两清就意味着双方应当同时履行义务。但是纸制品厂却提出某甲先履行付款义务，这是没有依据的。纸制品厂不交付纸箱，某甲有权利不付款，这是在行使同时履行抗辩权。

九、通过行使代位权来维护权益

代位权是《合同法》规定的旨在保护债权人利益的制度。它是指在债务人不行使对第三人享有的权利而有害于债权人的债权时，债权人为保护自己债权而以自己的名义行使债务人对第三人享有的权利的制度。例如，张三欠李四 5 000 元，王五欠张三 5 000 元，李四在张三不还钱的情况下可以直接以自己的名义起诉王五，通过行使张三对王五的债权来维护自己的利益。

行使代位权的条件是：

第一，债权人与债务人之间存在合法的债权债务关系。合法

的债权债务关系是债权人行使代位权的依据和前提。

第二，债务人对第三人享有债权。代位权涉及到第三人的权利，主债权人要代替主债务人行使主债务人对第三人（次债务人）的权利。可以代位行使的债权，是非专属于主债务人自身的权利。例如，扶养、赡养请求权和因人身权受到侵害而享有的损害赔偿请求权等不可以行使代位权。

第三，主债务人没有行使其债权。这里的没有行使债权是指债务人应当行使并且可能行使而没有行使其债权。

第四，主债务人没有积极行使债权的行为有害于主债权人的债权。例如，主债务人没有积极行使对第三人债权的行为导致自己无能力清偿主债权人的债务。

举案说法　代位权的行使

【案情简介】　1999 年 1 月 8 日，陈某借款 1.8 万元给王某，双方约定 1999 年 12 月 31 日还款。1999 年 12 月 31 日，王某告诉陈某他把 2 万元借给了表哥章某，现在没钱可还。陈某催促王某赶快把 2 万元债权收回来偿还欠自己的 1.8 万元。几天后，陈某得知这笔钱是一年半以前借给章某的，本应在 1999 年 12 月 1 日还款，但王某宣扬说，这笔钱还回来了也要给陈某，肥水不流外人田，自己的表哥不会赖账。因此，王某根本没有向章某要钱。陈某得知此事后，向法院起诉，要求法院判决章某将欠王某款中的 1.8 万元还给自己。

【法理分析】　在本案中，章某欠王某 2 万元，而王某欠陈某 1.8 万元，这两个债务都已经到了履行期。但是王某却故意不行使已经到期的债权，致使陈某的债权不能得以清偿。本案符合代位权的行使条件，法院应当判决章某直接向陈某偿还 1.8 万元。

十、通过行使合同撤销权来维护权益

合同撤销权是指债权人对债务人实施的放弃债权、无偿或低价转让财产等危害债权的行为，有请求法院予以撤销的权利。例如，甲向乙借款50万元，又将自己的财产无偿转让给丙，造成不能偿还乙的50万元，乙就可以请求法院撤销甲无偿转让财产的行为。

合同撤销权与合同代位权一样，都是维护债权人利益的制度。它的根本作用是通过撤销债务人与第三人之间的行为，防止债务人财产的减少，从而保证债权人债权的实现。

行使撤销权的条件是：

第一，债权人与债务人之间存在着合法的债权债务关系。没有合法的债权债务关系就失去了行使撤销权的基础。

第二，债务人实施的行为是已经发生法律效力的行为。撤销权的目的是撤销已经生效的侵害债权人利益的法律行为，如果债务人的行为没有成立和生效，或者失效，就不产生撤销权。

第三，债务人实施了放弃债权、无偿或低价转让财产等危害债权的行为。

第四，债务人的行为给债权人造成了损害，也就是导致不能清偿债权人的债权。

十一、合同的约定不明确时怎样要求对方当事人履行

如果合同条款不明确，当事人在履行合同时就会产生争议。对此，城郊农民可以依据《合同法》的规定来解决这一问题。

第一，当事人就产品、服务的质量没有约定或者约定不明确

的，可以通过协议来补充。当事人之间不能达成补充协议的，按照合同的有关条款或者交易习惯确定。如果有关合同条款或者交易习惯不能据以确定该产品、服务的质量的，按照国家标准、行业标准履行；没有国家标准、行业标准的，则按照通常的标准来履行。

第二，合同当事人就价款或酬金没有约定或约定不明确的，可以通过协议来补充。当事人之间不能达成补充协议的，按照合同有关条款或者交易习惯确定。有关合同条款或交易习惯不能据以确定产品价款、服务酬金的，则按照订立合同时履行地的市场价格履行。但如果合同标的属国家定价的产品或服务，则按照国家定价来履行。如果合同标的属实行国家指导价的产品或服务，则应在国家规定的价格幅度内来履行。

第三，当事人没有在合同中约定履行地或约定不明确的，可以通过协议补充规定合同的履行地。当事人之间不能达成补充协议的，按照合同有关条款或者交易习惯确定。有关合同条款或者交易习惯不能据以确定履行地的，按照下列原则确定履行地：①给付货币的，在接受货币一方所在地履行；②交付不动产的，在不动产所在地履行；③其他标的，在履行义务一方所在地履行。

第四，履行期限不明确的，债务人可以随时履行，债权人也可以随时请求履行，但应当给对方必要的准备时间。

第五，当事人对履行方式没有约定或约定不明确的，可以通过协议补充履行方式的内容。达不成协议的，按照合同有关条款或者交易习惯确定。合同有关条款、交易习惯均不足以确定履行方式的，按照有利于实现合同目的的方式解决。

第六，履行费用在合同中没有约定或约定不明确的，也可以通过协议补充确定履行费用。不能达成补充协议的，由债务人负担履行费用。

十二、转让合同应注意的问题

合同的转让就是指合同当事人一方将合同的权利和(或)义务全部或部分地转让给第三人。城郊农民在签订合同之后有可能既不想履行该合同,又不想承担违约责任,把合同权利或者合同义务移转给他人是一个避免损失的两全其美的办法。

合同的转让以有效合同的存在为前提。合同没有成立、合同权利义务关系没有产生,就不会有合同的转让;合同被确认无效或被撤销或被解除,合同权利义务关系不复存在,也不会产生合同的转让。合同的转让将改变合同的主体,要由第三人代替合同当事人一方成为合同当事人或由第三人与合同当事人一方共同成为合同当事人。合同的转让并不改变原合同的权利义务内容。合同转让包括合同权利转让、合同义务转移和合同权利义务的概括转让3种情况。

(一)合同权利的转让

合同权利的转让,是指合同债权人通过协议将其债权全部或部分地转让给第三人。例如,甲向乙借款20万元,乙享有对甲的20万元债权,乙为支付丙货款而同丙达成协议,将对甲的20万元债权全部转让给丙。

合同权利转让后,债权人负有通知债务人的义务。只有通知了债务人,合同权利转让才发生法律效力,债务人才能向新的债权人履行合同义务。

(二)合同义务的转移

合同义务的转移,是指合同债务人经债权人同意,与第三人达成协议,将其合同义务全部或部分移转给第三人承担。合同义务

转移，是将原合同的债务人的义务转给了第三方来履行。从发生效力的条件来看，合同义务转移与合同权利转让不同，合同权利转让只要通知债务人即发生效力，而合同义务转移则要取得债权人的同意才发生效力。因为债权人的债权是通过债务人履行债务来实现的，债务人的资金、信用等情况，是债权能否实现的重要条件，对债权人而言至关重要。如果债务人不经债权人同意就可以将债务转移给第三人，如果第三人资金、信用状况不好，不能履行合同义务，债权人的债权就无法实现，债权人的利益就会受到损害。因此，合同义务转移必须经债权人同意。

(三)合同权利义务的概括转让

合同权利义务的概括转让是指原合同当事人一方与第三人订立合同，并经合同对方当事人同意，将自己在合同中的权利义务全部转让给第三人承担。合同权利义务概括转让是第三人代替了原合同中的一方当事人，成为合同新的当事人。

十三、通过解除合同维护权益

合同解除是指合同有效成立之后，基于法律规定的解除条件或者双方约定的解除条件，或者双方达成解除协议，使合同关系归于消灭的行为。解除合同可以使城郊农民摆脱已经没有意义的合同关系，因此也是维护权益的一种手段。

合同解除包括约定解除和法定解除 2 种形式。

(一)约定解除

是当事人协商一致解除合同的行为，它包括 2 种情况：一是协议解除，即当事人订立合同经协商一致解除合同；二是约定解除权，即当事人订立合同时约定某种情况出现时，当事人有权解除

合同。

(二)法定解除

是当事人一方依照法律规定的解除条件解除合同的行为。

合同法定解除的条件是：

第一，不可抗力致使不能实现合同的目的。

第二，在履行期限届满之前，当事人一方明确表示或者以自己的行为表明不履行主要债务。

第三，当事人一方迟延履行主要债务，经催告后在合理期限内仍未履行。

第四，当事人一方迟延履行债务或者有其他违约行为致使不能实现合同的目的。

第五，法律规定的其他解除情形。

举案说法　迟延履行后的合同解除

【案情简介】　7月1日，某服装厂为了完成一批外商定制的纯棉睡衣，与棉纺厂签订了一份棉布供货合同。合同规定，在7月15日，棉纺厂向服装厂提供棉布2万米。7月10日，棉纺厂向服装厂表示，由于机器检修等原因，15日交货有困难，请求将交货日期改为30日。服装厂表示该布料系为加工外商所定睡衣的原料，不能推迟，棉纺厂必须按时交货。7月15日，棉纺厂没有按期交货，服装厂四处联系棉布供应，并从某纺织品商店购回一批棉布。同日，服装厂以书面形式声称与棉纺厂解除合同。随后，棉纺厂也以书面形式拒绝接受解除合同，并于7月25日将棉布送到服装厂。服装厂拒收，双方产生纠纷。服装厂向法院起诉，要求棉纺厂承担违约责任。

【法理分析】　本案中的棉纺厂构成了迟延履行主债务，虽然服装厂在棉纺厂迟延后并没有催告其在合理期限内履行主债务，

但是，棉纺厂的迟延履行使该合同对于服装厂而言已经成为不必要，服装厂不能实现合同的目的，取得合同解除权。所以，服装厂在7月15日以书面形式通知棉纺厂解除合同之时，该合同已经解除，棉纺厂无权要求服装厂继续履行合同。

十四、通过提存维护合法权益

在城郊农民履行合同的过程中，会遇到债权人造成的合同无法履行的情况。此时，城郊农民虽然可以追究对方的责任，但并不能免除履行合同的义务，他仍然要受合同关系的约束。提存则是迅速摆脱债务束缚的一种有效手段。

提存是债务人向法定的提存机关履行债务从而消灭其与债权人之间的债权债务关系的行为。在提存方式中涉及三方当事人的关系，即提存人、提存机关和债权人。提存人即为消灭债务而将标的物提交提存机关的债务人。提存机关是同意提存、接受提存物的机关，在我国主要是公证处、法院和银行。提存的物品是债务人依合同的规定应当给付的物品，该物品以适宜于提存为限。提存的法律后果是债务人的债务消灭。

(一)提存的条件

第一，债权人无正当理由拒绝受领。

第二，债权人下落不明。债权人不知去向，债务人也就无法给付。债权人下落不明还应包括债权人的代理人下落不明。

第三，债权人死亡而未确定继承人。债权人死亡后，其债权应由继承人享有，债务人履行债务时应由继承人受领。债权人死亡，如果继承人尚未确定，债务的履行就没有受领人。在这种情况下，债务人可以将标的物提存。

第四，债权人丧失行为能力而未确定监护人。债权人丧失行

为能力后就不能从事民事法律行为，也就不能受领债务人的履行。此时，应由其监护人来受领债务的履行。在债权人丧失行为能力而监护人又未确定时，就没有债务履行的受领人。此时，债务人可以将标的物提存。

(二)提存的申请

城郊农民提存首先要向提存机关提出提存申请，呈交提存申请书。提存申请书应载明提存的原因，提存的物的名称、种类、数量，提存受领人的姓名、地址等基本内容；提存人在提交提存申请书的同时，还应提交有关材料。提存人要提交债务证据，以证明提存债务的真实性和合法性，提存的物符合合同的约定。提存人还要提交证明存在提存事由的有关材料，证明确实存在债权人迟延受领或下落不明等情形，致使自己不能履行。提存机关受理提存人的提存申请后，要对提存是否符合条件进行审查。

(三)提存物的审查

提存机关在决定是否提存时应对标的物进行审验。提存的物必须是依合同规定债务人应当给付的物，债务人提交的不能是与合同约定不符的物。提存的物还必须是适宜提存的物品，如金钱、有价证券、物品等动产。对于不宜提存或者费用过高的物，可以依法拍卖或变卖，提存所得的价款。

(四)提存通知

提存机关决定提存后，应当接收并妥善保管提存物并应通知债权人前往领取提存物。由于提存人更了解债权人，因此，通知债权人的义务一般由提存人承担。司法部的《提存公证规则》规定，提存人通知确有困难的，公证处应自提存之日起 7 日内，以书面形式通知提存受领人，告知其领取提存物的时间、期限、地点、方法。

提存受领人不清或下落不明、地址不详无法送达通知的，公证处应自提存之日起 60 日内，以公告方式通知。

十五、违约行为的类型

违约行为是指合同当事人违反合同义务的行为。城郊农民准确地判断违约行为的类型不但有助于自己避免违约的发生，也可以依据对方违约行为的类型来确定如何追究违约责任，从而维护自身权益。

违约行为只能在特定的合同关系中产生，没有合同就没有违约行为，合同关系是违约行为产生的前提。违约行为中所说的合同债务既包括当事人在合同中约定的义务，又包括法律直接规定的义务。违约行为包括以下行为类型。

(一)预期违约

预期违约，是指在履行期限到来之前一方无正当理由而明确表示他在履行期到来后将不履行合同，或者他的行为表明在履行期到来以后他将不可能履行合同。

预期违约包括以下 2 种情形。

1. 明示毁约 明示毁约，是指在履行期限到来前，一方当事人无正当理由而明确肯定地向对方表示他将在履行期限到来时不履行合同。

构成明示毁约必须是在履行期限到来之前作出毁约的表示，如果在履行期限到来后作出这样的表示则构成拒绝履行。再有，明示毁约必须是一方明确肯定地向对方作出毁约的表示，话语含糊不清，或者是在发牢骚，不能认定为明示毁约。如果一方当事人有正当理由不履行合同，那么他在履行期限到来前明确表示他将不履行合同也不构成明示毁约。例如，在合同违反了法律的强制

性规定而无效的情况下，任何一方当事人都有正当理由不履行该调解协议。

2. 默示毁约　默示毁约，是指在履行期到来之前，一方当事人以自己的行为表明其在履行期到来之后将不履行合同。例如，负有义务的一方当事人在履行期限到来前转移财产、抽逃资金，以逃避债务，这种行为就表明他在履行期限到来之时不会履行合同，从而构成违约。

默示毁约与明示毁约最主要的区别是表明要毁约的方式不同。明示毁约是明确肯定地表示要毁约，而默示毁约则是通过当事人的行为推断他将要毁约。默示毁约是从行为中推断当事人的违约意图，因此另一方当事人应有确凿的证据证明对方具有毁约的行为。

(二)实际违约

在履行期限到来以后，当事人不履行或履行合同不符合约定的，就是实际违约。实际违约包括不履行合同和履行合同不符合约定2种类型。

1. 不履行合同

(1)拒绝履行合同　拒绝履行合同是指在履行期限到来以后，一方当事人无正当理由拒绝履行合同的全部义务。一方当事人拒绝履行合同义务没有任何正当理由，有理由则不构成拒绝履行。例如，当事人行使抗辩权而拒绝履行合同就不属于违约行为。

(2)合同的履行不能　合同的履行不能是指因当事人的原因造成合同不能履行。例如，合同约定一方当事人为另一方当事人提供某种劳务，但应提供劳务的当事人在履行期到来时重病住院而不能履行。

2. 履行合同不符合约定

(1)迟延履行合同　迟延履行合同是指当事人的履行违反了

履行期限的规定。迟延履行合同包括义务人的迟延履行和权利人的受领迟延。义务人迟延履行，是指义务人在履行期限到来时没有按期履行债务。权利人受领迟延是指权利人在义务人履行时，未及时接受义务人的履行。

(2)不适当履行合同　不适当履行合同是指当事人交付的标的物不符合合同规定的质量要求。例如，合同约定一方当事人向另一方当事人交付优质稻种，但负义务的当事人交付的是劣质稻种，这种行为构成不适当履行合同。

(3)部分履行合同　所谓部分履行合同，是指当事人虽然履行了合同，但履行的并不是全部义务，仅履行了一部分义务。例如，合同约定一方当事人向另一方当事人支付 3 000 元钱，但义务人只支付了 2 000 元，这种情况就属于部分履行。

(4)其他履行合同不符合约定的行为　义务人应当按照法律和合同的规定，全面、适当地履行合同。当事人在履行合同时，除标的、质量、数量、期限上应当符合法律和合同规定外，履行地点、履行方式等也应当符合法律和合同的规定。如果履行地点、履行方式等不适当，也属于履行合同不符合约定的行为。

十六、承担违约责任的形式

违约责任是合同当事人违反合同义务而应承担的法律责任。在对方当事人存在违约行为的时候，城郊农民可以通过追究对方的违约责任来弥补自己的损失。违约责任包括以下主要责任形式。

(一)实际履行

实际履行是指在当事人一方不履行义务或者履行义务不符合约定时，另一方有权要求他依据合同的约定继续履行。

实际履行是一种违反合同后的补救方式，在一方违反合同后，另一方有权要求他继续履行合同，也有权要求他承担损害赔偿等责任。是否请求实际履行是非违约方的权利。

实际履行的基本内容是要求违约方继续依据合同的规定作出履行。对于金钱债务，如果一方不支付价款或报酬，另一方有权要求对方支付价款和报酬。对于非金钱债务，非违约方虽然也可以请求实际履行，但在法律上有一定的限制，有下列情形之一的不能要求实际履行。①法律或者事实上不能履行；②标的不适于强制履行或者履行费用过高；③权利人在合理期限内未要求履行。

（二）损害赔偿

损害赔偿是指违约方因不履行合同或履行合同不符合约定给对方造成损失、依据法律或合同的规定应承担的赔偿对方损失的责任。

损害赔偿是因义务人不履行合同或履行合同不符合约定产生的责任。也就是说，义务人的行为使权利人遭受损害，当事人之间基于合同产生的合同债务就转化为损害赔偿关系。

当事人在订立合同时，可以预先约定一方当事人在违反合同时向对方当事人支付一定数额的金钱或约定损害赔偿的计算方法。在没有约定的情况下，损失赔偿额应当相当于因违约所造成的损失，包括合同履行后可以获得的利益。

需要注意的是，损害赔偿不得超过违反合同一方订立合同时预见到或者应当预见到的因违反合同可能造成的损失。只有当违约所造成的损害是违约方在订立合同时可以预见的情况下，才能认为损害结果与违约之间具有因果关系，违约方才应当对这些损害负赔偿责任。另外，在一方违约并造成损失后，另一方应及时采取合理的措施以防止损失的扩大，否则无权对扩大部分的损失要求赔偿。

(三)支付违约金

违约金是指由当事人通过协商预先确定的、在违约发生后向对方支付的一定数额的金钱。

违约金是由当事人协商确定的，允许当事人约定违约金实际上是尊重当事人自由约定合同条款的权利以及在违约发生时保护自身利益的权利。违约金的数额是预先确定的，它在事先向义务人指明了违约后所应承担责任的具体范围，从而能督促义务人履行合同。

虽然违约金可以由当事人自由约定，但约定的违约金低于造成的损失的，当事人可以请求人民法院或者仲裁机构予以增加；约定的违约金过分高于造成的损失的，当事人可以请求人民法院或者仲裁机构予以适当减少。违约金的数额与实际损失相比过高或过低，违反了公平和诚实信用原则，因此由法院和仲裁机构应当事人的请求进行调整是必要的。

举案说法　违约金的支付

【案情简介】　某供销社与某乡私营果品加工厂签订了一份花生供销合同。合同规定，供销社向加工厂供应花生 5 000 千克，每千克人民币 2 元，共计 1 万元。供销社负责将货物运到加工厂，加工厂于合同成立后预付货款 5 000 元，待验收后再付清剩余货款 5 000 元。如果供销社不按期送货，或需方迟延付款均向对方支付 10% 的违约金，计 1 000 元。合同成立后，供销社用汽车将 5 000千克花生运往加工厂，但是汽车却在半路抛锚，虽然供销社另行调配了车辆，但货物运到加工厂时已经超过交货日期 3 天。

【法理分析】　供销社与加工厂明确约定，如果供销社不按期送货或加工厂迟延付款均向对方支付 10% 的违约金，计 1 000 元。该约定是合法有效的。但供销社却发生了履行迟延，虽然汽车抛

锚带有偶然性，但毕竟是由于供销社一方的原因造成的，如果加工厂提出要求，供销社应该支付1 000元违约金。

十七、买卖合同的内容和应注意的问题

买卖合同是出卖人把标的物的所有权移转给买受人、买受人支付价款的合同。转移标的物所有权的一方当事人称为出卖人，支付价款的一方当事人称为买受人。

(一)买卖合同的内容

1. 标的　通俗地说。标的就是买卖合同的双方当事人所要进行的买卖行为，所要买卖的物就是标的物。标的是买卖合同的必备条款，买卖合同不规定标的，买卖根本无法进行。

2. 数量　数量是用来确定买卖合同标的物的单位。标的物的数量一般应采用通用的计量单位，同时应确定双方都认可的计量方法。

3. 质量　标的物的质量决定着买方购买标的物的目的能否达到。标的物的质量可以从两个方面来衡量：一是标的物的型号、批号、尺码、级别等规格；二是标的物应具有同类物品通常的用途，不含有瑕疵、缺陷等。例如，种子必须能够发芽、生长，拖拉机能够耕田等等。

4. 价款　价款是买受人取得标的物的所有权的代价。价款一般是指标的物本身的代价，有时也包括运费、保险费、装卸费等费用。

5. 履行的期限、地点和方式　履行期限是当事人履行义务的时间。当事人可以约定在一个固定的时间点履行，也可以约定在一定的期限内履行，还可以约定分期履行。

履行地点是卖方交付标的物以及买方付款的地方。履行地点

关系到运输费用的负担和风险的承受，也是合同的重要条款。

履行方式，包括一次交付还是分批交付及采用何种运输方式等内容。

6. 包装方式　包装的作用是保护或装潢标的物。产品包装应当按照国家标准或专业(部)标准执行；没有上述标准的，可在符合运输条件的情况下由当事人约定。当事人应当明确约定包装的材料、装潢样式、包装费用的承担等内容。如果无法确定包装方式的，应当按照通用的方式包装；没有通用的包装方式的，应当采取足以保护标的物的包装方式。

7. 检验标准和方法　检验是验证标的物是否符合合同约定的标准的手段。当事人应当明确约定检验标准和检验期限等内容。

8. 结算方式　当事人约定的结算方式不得违反中国人民银行结算办法的规定，一般应用人民币计算和支付。除了国家允许使用现金履行义务的以外，应通过银行转账或者票据来结算。

9. 违约责任　违约责任事关当事人的利益，应当慎重考虑，仔细磋商。当事人可以约定违约金，也可以约定损害赔偿的计算方法。当然，即使当事人没有约定违约责任，违约方也要依照法律规定承担责任。

(二)应注意的问题

1. 标的物所有权的移转时间　标的物的所有权自标的物交付时起转移，也就是一旦卖方交付了合同标的物，另一方当事人就获得了所有权。但是如果法律另有规定或者当事人另有约定则不适用这个规则。例如，如果合同的标的物是不动产，那么所有权在办理不动产登记时才移转。

2. 标的物的知识产权并不随同标的物的所有权一并移转　在买卖具有知识产权的计算机软件等标的物时，除法律另有规定

或当事人另有约定的以外，该标的物的知识产权并不随同标的物的所有权一并移转于买受人。这是因为知识产权是一种独立于标的物的无形权利，它与所有权是可以分离的。买卖合同出卖人转让的是标的物的所有权，并不包括知识产权。

3. 标的物质量有瑕疵时的权益保护　如果城郊农民购买的标的物质量有瑕疵，合同对质量有瑕疵的违约责任又约定不明，用其他法定方法也无法确定时，城郊农民可以根据标的物的性质以及损失的大小，可以合理选择请求修理、更换、退货或者减少价款等救济措施。

4. 第三人主张权利时的权益保护　出卖人就交付的标的物，除非法律另有规定，负有保证第三人不得向买受人主张任何权利的义务。如果第三人向城郊农民购买的标的物主张所有权或者担保权，城郊农民可以要求出卖人承担违约责任。

5. 样品买卖的特殊问题　样品买卖是指当事人双方约定一定的货样，出卖人交付的标的物应当与货样具有相同的品质。当事人应当封存样品，并且可以对样品质量予以说明。凭样品买卖的买受人不知道样品有隐蔽瑕疵的，即使交付的标的物与样品相同，出卖人交付的标的物的质量仍然应当符合同种物的通常标准。

6. 试用买卖的特殊问题　试用买卖是指当事人双方约定，出卖人把标的物交付买受人试验或检验，如果买受人在约定期限内对标的物认可，则合同生效。

如果城郊农民是试用人的话，就要注意，试用人在试用期内可以购买标的物，也可以拒绝购买，但试用期间届满，试用人对是否购买标的物未作表示的，视为同意购买。

举案说法　包装不合格应承担责任

【案情简介】　某村几位村民合伙开办了一个食用油加工厂，该厂与某粮食公司签订了一份购买100吨大豆的买卖合同。合同规定:大豆质量应为优质,运输方法为火车运输,货物到达5日内付款。粮食公司按时发运了大豆,食用油加工厂到火车站提取大豆时发现大豆总重量不足,缺少2 000千克。经检查发现大豆的包装已经破损。食用油加工厂要求铁路部门承担责任,承运人认为装卸、运输并无不当之处,不应当承担赔偿责任。经过进一步调查发现,粮食公司包装大豆所用的麻袋是劣质产品,缝隙很大。由于在运输时多次搬运,大豆从缝隙中流失,导致总重量不足。为此,食用油加工厂认为自己不应当支付缺少的2 000千克大豆的价款,粮食公司却认为双方在合同中并未约定大豆的包装方式,大豆流失是自然损耗,责任不在粮食公司,要求食用油加工厂全额支付价款。

【法理分析】 买卖合同,尤其是大宗货物的买卖合同中,包装条款十分重要,当事人应当明确约定包装的材料、包装方式等等内容。但即使当事人没有约定包装方式,出卖人也应当按照通用的方式包装,没有通用的包装方式的,应当采取足以保护标的物的包装方式。在本案中,当事人双方没有约定包装方式,但粮食公司使用了劣质的麻袋,这不符合通用的标准,更不足以保护标的物。因此,责任在粮食公司,应由粮食公司承担责任。

十八、供用电合同的内容和应注意的问题

供用电合同是指供电企业提供电力,另一方当事人利用电力并支付报酬的合同。电力是发展生产必不可少的资源,城郊农民在经济活动中经常要签订供用电合同。

(一)供用电合同的内容

1. 供电方式 供电方式分为低压供电和高压供电及直配方式供电3种。用户用电设备容量在250千瓦或需用变压器容量在

160 伏安及以下者，应以低压方式供电，特殊情况也可以高压方式供电。供电局对于距离发电厂较近的用户，可考虑以直配方式供电。

2. 供电质量 供电质量由供电电压稳定性和供电周率的偏差率及供电的可靠性 3 个指标组成。

3. 供电时间 供电时间对生产性用电有着十分重要的意义，供电时间不但可能影响到城郊农民的生产，而且合理统筹供电时间可以避免形成用电高峰，避免造成断电事故。

4. 用电容量 用电容量，是指供电企业认定的用电人受电设备的总容量。

5. 用电地址 用电地址，是指用电人使用电力的地址。

6. 用电性质 用电性质分为工业用电、农业用电、经营性用电及生活用电等。

7. 电价 电价与用电性质密切相关。上述不同性质的用电实行不同的电价。

8. 计量方式 计量方式，是指供电人如何计算用电人使用的电量。

9. 供用电设施维护责任的划分 ①低压供电的，以供电接户线的最后支持物为分界点，支持物属供电局；②10 千伏及以下高压供电的，以用户厂界外或配电室外前的第一断路器或进线套管为分界点，第一断路器或进线套管的维护管理责任，由双方协商确定；③35 千伏及以上高压供电的，以用户厂界外或用户变电站外第一基电杆为分界点，第一基电杆属供电局；④采用电缆供电的，本着便于维护管理的原则，由供电局与用户协商确定；⑤产权属于用户的线路以分支点或以供电局变电所外第一基电杆为分界点，第一基电杆维护管理责任由双方协商确定。

(二)应注意的问题

1. 供电人具有特定性 供电人是指供电企业或者依法取得供电营业资格的单位,其他任何单位和个人都不得作为供电人。

2. 供用电合同一般以格式条款的方式订立 为了节省时间和精力,供电企业往往预先拟定好格式条款,用来与众多的用电人签订合同。用电人对格式条款仅有选择同意或不同意的权利,却不能更改合同的内容。

3. 电价是统一的 电价实行统一政策、统一定价原则,分级管理。电价要报国家物价主管部门批准。供电企业应当按照国家核准的电价向用电人收取电费,不得擅自变更电价。

4. 供电企业停电的通知义务 供电企业因供电设施的检修、依法限电等原因需要中断供电时,应当事先通知用电人。没有通知用电人而中断供电、造成用电人损失的,应当承担损害赔偿责任。

5. 供电企业对事故断电有抢修义务 事故断电,是指因不可抗拒的原因或者意外事故造成供电设施毁坏,无法正常供电。出现事故断电后,供电企业应及时抢修,没有及时抢修造成用电人损失的,要承担损害赔偿责任。

6. 用电人应按时交纳电费 用电人应按国家核准的电价按时交纳电费,如果用电人拖欠电费,要支付违约金。用电人在合理期限内仍不交纳电费和违约金的,供电企业可以中止其供电。

另外,供用水、气、热力合同可以参照供用电合同订立。

举案说法 断电未通知要承担损害赔偿责任

【案情简介】 某农民经营的机械厂与电力供应公司签订了一份供用电合同,合同约定:电力供应公司保证频率和额定电压符合国家规定的标准,因故限电、停电,应事先通知用电方,保证安全

用电。合同还就电力价格、电费结算方式、违约责任等内容作了约定。一天，机械厂突然停电，致使工厂被迫停产。经查，机械厂停电系电力供应公司检修供电设施所致。这次停电给机械厂造成2万多元的经济损失。机械厂要求电力供应公司赔偿经济损失。电力供应公司则认为，检修供电设施是为了维护社会公共利益，它没有义务赔偿机械厂的损失。

【法理分析】 供电企业因供电设施的检修需要中断供电时，应当事先通知用电人。没有通知而中断供电，造成损失的，应当承担损害赔偿责任。在本案中，机械厂与电力供应公司签订的供用电合同明确约定电力供应公司因故限电、停电，应事先通知用电方以保证安全用电，但电力供应公司却没有履行该义务。因此，电力供应公司应承担断电给机械厂造成的损失。

十九、借款合同的内容和应注意的问题

借款合同是指一方当事人向另一方借款使用，到期返还借款的合同. 其中，提出借款的一方称为借款人，出借钱款的一方称为贷款人。借款合同分为金融机构借款合同和自然人间借款合同。

(一)金融机构借款合同的内容

1. 借款的种类 借款的种类是根据借款人的行业属性、借款的用途以及资金的来源和运用方式等进行划分的。不同种类的贷款申请审查和审批条件、贷款期限、利率和偿还方式不同。贷款是国家调节经济的杠杆之一，国家可以通过确定信贷资金的分配方向和限额，规定支持和限制的对象，调节信贷资金的流向。

2. 借款的币种 一般而言，国内借款合同的币种为人民币，而三资企业、产品出口型企业有时需要外币。因此，借贷双方要对借款的币种作出明确约定。

3. 借款用途 为了保证信贷资金的正确使用和安全收回，各金融机构都明确规定了各种贷款的用途。如果借款人违反借款用途使用借款，贷款人也可终止提供借款或者提前收回借款或者解除合同。

4. 借款数额 为了达到既保证借款人足额用款、又避免资金闲置浪费的目的，借贷双方应对借款的总额、每次借款的数额作出明确的约定。

5. 借款利率 借款利率是指贷款方在一定时期内应收利息的数额与所贷出资金的金额的比率。中国人民银行规定各类贷款的基准利率，各商业银行可以根据中国人民银行规定的各类贷款的基准利率及允许浮动的上下限幅度来确定具体借款的利率。

6. 借款期限 借款期限是指双方当事人约定的自借款合同生效之日起到借款人还本付息之日止的时间。当事人应根据借贷种类、借贷性质、借款用途和借款方的生产经营周期、还款能力以及贷款方的资金供给能力等协商确定借款期限。

7. 还款方式 双方当事人应当明确约定一次还是数次还款，以及采用何种结算方式还款。

(二)应注意的问题

1. 借款人在订立合同时应按照要求提供担保 贷款人可以要求借款人提供担保。贷款人要求提供担保的，借款人应依据贷款人的要求提供担保，担保适用《担保法》的规定。

2. 借款人在订立合同时应如实申报有关情况 订立借款合同，借款人应当按照贷款人的要求提供与借款有关的业务活动和财务状况的真实情况。主要包括与借款人资格有关的基本情况和借款人财务状况的真实情况。这些情况可以为贷款人合理预测贷款回收风险和赢利提供判断依据，借款人应当按照贷款人的要求，如实提供相关信息。同时，贷款人对了解到的情况负有保密义务。

城郊农民应如实提供有关情况,否则可能承担不利后果。

3. 金融机构借款合同要采用书面形式,自然人间借款合同没有这样的要求 金融机构借款合同要采用书面形式,自然人间借款合同采取何种形式由当事人自由约定,也就是可以口头订立合同。

4. 自然人间借款合同的生效有特殊要求 金融机构借款合同一旦成立就生效。但自然人间借款合同只有在贷款人提供了款项时,合同才生效。对此,城郊农民要注意,向自然人借款拿到钱的时候合同才成立。

5. 自然人间借款合同的利息 向金融机构借款是有偿的,但自然人间借款合同一般是无偿的。如果自然人间的借款合同没有约定或者没有明确约定利息,视为不支付利息。

二十、租赁合同的内容和应注意的问题

租赁合同是出租人将租赁物交付承租人使用、收益,承租人支付租金的合同。在租赁合同中,被交付使用收益的物称为租赁物,为使用收益租赁物支付的报酬称为租金,提供租赁物、收取租金的一方称为出租人,使用租赁物、支付租金的一方称为承租人。

(一)租赁合同的主要内容

1. 租赁物的名称和数量 租赁物的名称和数量可以明确限定该合同项下的租赁物,租赁物的名称和数量往往影响着租金和租赁期限。

2. 租赁物的用途 租赁物的用途涉及到承租人订立合同的目的,也影响着当事人维护保养租赁物和返还租赁物时的义务,因此当事人应当详细约定租赁物的用途。

3. 租赁期限 租赁是在一定的期限内使用租赁物,而不是永

久使用租赁物，因此当事人应当明确约定租赁期限。租赁期限主要以年、月、日来表示。根据《合同法》第二百一十四条的规定，租赁期限不得超过20年。超过20年的，超过部分无效。当事人可以续订租赁合同，但约定的租赁期限自续订之日起不得超过20年。

4. 租金及其支付期限和方式 租金是使用收益租赁物的对价。当事人应根据租赁物的种类、数量、用途等条款合理确定租金的数额。租金可以一次支付，也可以分期支付。无论采用何种方式都应约定支付的时间。

5. 租赁物的维修 租赁物的维修是使用租赁物的保障，维修义务的承担也涉及到当事人利益的平衡。如果当事人没有约定租赁物的维修事宜，则适用《合同法》的相关规定。

（二）应注意的问题

1. 出租人对租赁物的瑕疵担保义务 出租人应当保证租赁物在整个租赁期间适于正常的使用、收益。如果租赁物效用、品质方面具有导致承租人不能正常使用、收益的瑕疵，则出租人应当承担瑕疵担保义务，承租人可以解除合同或者请求减少租金。

2. 出租人的权利瑕疵担保义务 出租人的权利瑕疵担保义务是指出租人应当保证承租人依照合同进行使用、收益的权利不会因第三人主张权利而受到阻碍。因为第三人主张权利，致使承租人不能对租赁物使用、收益的，承租人可以要求减少租金或者不支付租金。

3. 承租人应慎重转租 承租人经出租人同意，可以将租赁物转租给第三人。承租人转租的，承租人与出租人之间的租赁合同继续有效，第三人对租赁物造成损失的，承租人应当赔偿损失。承租人未经出租人同意转租的，出租人可以解除合同。

4. 租赁合同的更新 在租赁合同期间届满时，当事人可以通

过合同更新的方式延长租赁合同的期限。此时，除期限外，租赁合同的内容没有发生变化。租赁合同的更新包括明示更新和默示更新两种。明示更新是指在租赁合同期间届满时租赁合同的当事人续订租赁合同。续订租赁合同的租赁期限自续订之日起不得超过20年。如果租赁期间届满，承租人继续使用租赁物，出租人没有提出异议的，那么原租赁合同继续有效，这就是租赁合同的默示更新。要注意，经过默示更新的租赁合同为不定期合同。

5. 房屋承租人的优先购买权　房屋承租人的优先购买权，是指出租人出卖作为租赁物的房屋时，承租人在同等条件下，依法享有优先于其他人购买房屋的权利。因此，如果城郊农民是房屋的承租人，在出租人出卖租赁房屋时，出租人应当在合理期限内通知城郊农民，城郊农民享有以同等条件优先购买的权利。

举案说法　违法转租的法律后果

【案情简介】　村民杨某、李某、赵某合伙建了一座砖窑，但由于经营不善，技术不过关，一直严重亏损，于是三人商量将砖窑出租。王某得知此事后，向他们表示愿意租赁。于是双方签订了一份租赁合同。合同约定：租期为3年，每年年底交付租金3万元。王某经营了1年后，也没有获得预期的利润，于是他又把砖窑租给了掌握烧砖技术的高某，约定每年租金4万元。杨某、李某、赵某得知王某转租的事情后，要求王某增加租金，王某不同意。于是，杨某、李某、赵某要求解除租赁合同，双方产生纠纷。

【法理分析】　在租赁合同中，承租人经出租人同意，可以将租赁物转租给第三人。承租人转租的，承租人与出租人之间的租赁合同继续有效。但是，承租人未经出租人同意转租的，出租人可以解除合同。在本案中，王某没有经过杨某、李某和赵某同意擅自把砖窑转租给了第三人高某，杨某、李某和赵某可以解除与王某的租赁合同。

二十一、承揽合同的种类和应注意的问题

承揽合同是承揽人按照定做人的要求完成工作并把工作成果交给定做人,定做人支付报酬的合同。承揽合同也是城郊农民经常用到的合同。

(一)承揽合同的种类

1. 加工合同 加工合同是指定做人向承揽人提供原材料,承揽人以自己的技术、设备按照定做人的要求加工原材料、并将工作成果交付给定做人、定做人支付报酬的合同。例如,加工家具的合同是典型的加工合同。要注意,加工合同的原材料由定做人提供,而不是由承揽人提供。

2. 定做合同 定做合同是指承揽人自己准备原料,以自己的技术、设备按照定做人的要求制成某种产品、定做人向承揽人支付报酬的合同。例如,定做农具的合同是典型的定做合同。定做合同的原材料由承揽人准备。

3. 修理合同 修理合同是指承揽人以自己的技术将定做人损坏的物品修理好、定做人支付报酬的合同。例如,修理农机具的合同是典型的修理合同。

4. 复制合同 复制合同是指承揽人将定做人提供的样品制作成若干份,定做人支付报酬的合同。例如,复印文稿的合同是典型的复制合同。

5. 测试合同 测试合同是指承揽人以自己的技术、仪器设备对定做人的事项进行测试,并将测试结果交给定做人、定做人支付报酬的合同。

6. 检验合同 检验合同是指承揽人以自己的设备、仪器、技术对定做人需要检验的内容进行检验、并向定做人提供检验结论、

定做人支付报酬的合同。

(二)应注意的问题

1. 承揽人应以自己的工作完成主要任务 承揽合同是建立在对承揽人完成工作的能力信任的基础上的。因此,如果当事人没有其他约定,承揽人应当以自己的设备、技术和劳力完成主要工作。这里的主要工作,是指对工作成果的完成起决定性作用的工作。

2. 定做人的中途变更权 定做人如果另有要求或者考虑不周,可以中途变更承揽工作的要求,但是对该变更给承揽人造成的损失,定做人应当赔偿。

3. 共同承揽人的连带责任 共同承揽人是指对定做人均负直接完成承揽工作义务的数个承揽人。如果当事人没有另外的约定,共同承揽人对定做人承担连带责任。

4. 定做人的解除权 定做人可以随时解除承揽合同,但是造成承揽人损失的,应当赔偿。另外,如果承揽人未经定做人同意把承揽合同的主要工作交给第三人完成,定做人可以解除合同,造成定做人损失的,还可以请求损害赔偿。

举案说法 承揽人应完成主要工作

【案情简介】 某村民开办的商场与某服装厂签订了一份女长袖衫定做合同。合同规定:商场提供样品,由服装厂购料加工衬衫 200 件,每件原料费 20 元,加工费 10 元。服装厂使用的原料应与商场提供的样品相同,以封存的样品作为检验产品质量的依据。但产品交货后,商场发现了严重质量问题,同一规格的服装领口大小不一,有的服装口袋错位。于是,商场要求解除合同,并赔偿其错过销售旺季而带来的经济损失。服装厂不同意,回答说,该批服装已经转包给某乡办服装厂加工,质量问题应由乡办服装厂承担责任。双方多次协商不成,商场提起诉讼。

【法理分析】 承揽合同的基础是定做人对承揽人工作能力的信任，承揽人应当自己完成对工作成果起决定性作用的工作。如果承揽人未经定做人同意把承揽合同的主要工作交给第三人完成，定做人可以解除合同，造成定做人损失的，还可以请求损害赔偿。在本案中，服装厂没有经过商场的同意擅自把服装的加工任务交给某乡办服装厂完成，给商场造成了损失。法院应支持商场的请求，判决服装厂赔偿损失。

二十二、建设工程合同的内容和应注意的问题

建设工程合同是指由有资质的承包人进行工程建设、发包人支付价款的合同。建设工程合同包括工程勘察、设计、施工合同。勘察、设计合同是指发包人或者承包人与勘察人和设计人订立的、由勘察人和设计人完成一定的勘察和设计工作、发包人或者承包人支付价款的合同。建设施工合同是指施工单位完成建设单位交给的施工任务、建设单位提供必要的条件并支付工程价款的合同。建设工程的勘察、设计和施工有时承包给一个单位完成，有时由不同的单位分别完成。

(一)建设工程合同的内容

1. 勘察设计合同的主要内容 ①提交勘察或者设计基础资料、设计文件的期限；②勘察、设计的质量要求；③勘察、设计费用；④勘察、设计的协作条件。

2. 建设施工合同的主要内容

(1)工程范围 工程范围就是要完成哪些工程项目。

(2)建设工期和中间工程的开、竣工时间 建设工期是整个工程的建设时间。在整个建设工程中有许多中间工程，中间工程

影响着后续工程。因此,在施工合同中对中间工程的开工和竣工时间也要作出明确的约定。

(3)工程质量　建设工程的设计、施工和安全要执行国家规定的统一的质量标准。

(4)工程造价　在合同中应明确约定工程价款的计算方法以及工程价款的审定方式等内容。

(5)技术资料的交付时间　工程的技术资料是进行建筑施工的基础,合同中应明确约定发包人将工程的有关技术资料交给施工人的时间。

(6)工程材料和设备的供应　建设工程材料和设备的供应人、供应时间和方式影响着工程的进度,当事人应明确约定。

(7)拨款和结算　这部分内容主要包括工程预付款、工程进度款、竣工结算款、保修扣留金的约定。

(8)竣工验收　当事人要依照国家的规定约定建设工程的验收方法、程序和标准。

(9)质量保修范围和质量保证期　这部分内容是指在验收后的一定期限内,施工单位要负责维修工程质量缺陷。

(10)协作条款　当事人应约定诸如通报工程情况、及时检查验收等事项来协助对方履行义务。

(二)应注意的问题

1. 建设工程合同的标的物限于基本建设工程　基本建设工程主要是指土木建筑工程和建筑业范围内的线路、管道、设备安装工程的新建、扩建、改建及大型的建筑装修装饰活动。具体包括房屋、铁路、公路、机场、港口、桥梁、矿井、水库、电站、通讯线路等的建设。

2. 勘察、设计、施工单位要具备相应的资质　建设工程是一般的单位和个人不能完成的,承包人只能是具有从事勘察、设计、

施工资格的主体。

3. 建设工程合同要采用书面形式 建设工程合同内容繁杂、时间长、价款高，因此应当采用书面形式。

4. 建设工程的分包有限制 建设工程主体结构必须由承包人完成，禁止承包单位将其承包的全部建筑工程转包给他人，禁止承包单位将其承包的全部工程肢解以后以分包的名义分别转包给他人。建设工程的分包必须经过发包人同意，如果经过发包人同意、承包人将部分工作交由第三人完成的，第三人就其应完成的部分与总承包人承担连带责任。

二十三、签订、履行运输合同应注意的问题

运输合同包括客运合同和货运合同。城郊农民在经济活动中经常用到的是货运合同。货运合同是指承运人把货物运送到约定的地点、托运人或收货人支付运输费用的合同。货运合同包括铁路货运合同、公路货运合同、水路货运合同、航空货运合同等。签订和履行货运合同应注意以下问题。

(一)货运合同一般为格式合同

格式条款是为了重复使用而预先拟定、在订立合同时未与对方协商的条款。承运人为了便于合同的订立、简化手续、节省时间，往往事先制定格式合同文本。货运合同的货运单及提货单等都是统一印制的，运费也是统一规定的。

(二)运输合同具有强制缔约性

强制缔约性是指如果一方当事人提出签订合同，另一方当事人没有法定理由不得拒绝。承运人提供的服务具有行业垄断性，托运人一般别无选择。为了保护旅客及托运人的利益，我国《合同

法》规定，从事公共运输的承运人不得拒绝旅客及托运人通常、合理的运输要求。

(三)注意承运人的留置权

如果当事人没有其他约定，托运人或者收货人不支付运费、保管费以及其他运输费用的，承运人对相应的运输货物享有留置权。承运人留置货物后有权把货物拍卖或者变卖。因此城郊农民应注意及时交付费用，以免货物被拍卖、变卖带来损失。

(四)托运人应如实申报货物情况

托运人办理货物运输，应当向承运人准确表明收货人的名称或者姓名或者收货人及货物的名称、性质、重量、数量、收货地点等有关货物运输的必要情况。如果因托运人申报不实或者遗漏重要情况，造成承运人损失的，托运人应当承担损害赔偿责任。

(五)托运人对特定物品的包装和申报义务

托运人托运易燃、易爆、有毒、有腐蚀性、有放射性等危险品的，应当按照国家有关危险物品运输的规定对危险物品妥善包装，设置危险物标志和标签，并将有关危险物品的名称、性质和防范措施的书面材料提交承运人。如果城郊农民没有按照上述要求去做，造成损失的要给予赔偿。

(六)托运人的中途中止、变更、解除合同的权利

在承运人将货物交付收货人之前，托运人可以要求承运人中止运输、返还货物、变更到达地或者将货物交给其他收货人，但应当赔偿承运人因此受到的损失。

(七)托运人的索赔权

承运人对运输过程中货物的毁损、灭失承担损害赔偿责任。但承运人证明货物的毁损、灭失是因不可抗力、货物本身的自然性质或者合理损耗以及托运人、收货人的过错造成的,不承担损害赔偿责任。

二十四、签订、履行仓储合同应注意的问题

仓储合同是保管人储存存货人交付的仓储物、存货人支付仓储费的合同。城郊农民在经济活动中也会遇到签订仓储合同的情况。

(一)仓单的内容

我国《合同法》规定,存货人交付仓储物的,保管人应当给付仓单。仓单是保管人收到仓储物时向存货人签发的一种有价证券。持有仓单就可以提取、处分货物。一般认为仓单本身并不是合同,但是仓单却可以证明合同的内容。仓单一般包括以下事项。

1. 存货人的名称或姓名、住所 仓单是一种记名有价证券,记载着存货人的名称或姓名和住所。

2. 仓储物的品种、数量、质量、包装、标记 仓储物的品种、数量、质量、包装、标记等事项与当事人的权利义务密切相关,应准确、详细地记载。

3. 储存的场所 储存场所就是存放仓储物的地方。明确储存场所可以方便存货人及时提取仓储物。

4. 储存期间 储存期间是保管人保管仓储物的起止时间,它也能确定存货人提取仓储物的最后时间。

5. 仓储费 仓储费是存货人向保管人支付的报酬。仓单上

应载明仓储费的数额、支付方式、支付地点、支付时间等事项。

6. 仓储物的损耗标准　由于自然因素或货物本身的性质，仓储物在储存过程中可能会发生损耗。仓单中应明确仓储物的损耗标准，也就是多少损耗是合理的，以免在返还仓储物时因为货物减少而发生争执。

7. 仓储物的保险金额、保险期间和保险公司的名称　如果存货人已经给仓储物办理了保险，保管人应当根据存货人的陈述在仓单上记载保险金额、保险期间以及保险公司的名称等事项。

（二）应注意的问题

1. 存货人在仓储物毁损时的索赔权利　保管人应当按照仓储合同的约定妥善保管仓储物。因保管人保管不善造成仓储物毁损、灭失的，保管人应当承担损害赔偿责任。但是要注意，如果是因为仓储物的性质、包装不符合约定或者超过有效储存期造成仓储物变质、损坏的，保管人不承担损害赔偿责任。

2. 存货人有检查仓储物或提取样品的权利　存货人为了及时了解仓储物的保管情况，有权要求对仓储物进行检查或者提取样品。保管人应当同意其检查仓储物或者提取样品。

3. 注意避免保管人行使留置权　存货人有按照合同约定支付仓储费的义务。如果存货人没有按照合同的约定支付仓储费和其他必要费用，保管人对仓储物享有留置权。

4. 避免因逾期提货造成的损失　储存期间届满，存货人应当凭仓单提取仓储物。存货人超过期限提取货物的，要加收仓储费。储存期间届满、存货人不提取仓储物的，保管人可以催告存货人在合理期限内提取，超过期限不提取的，保管人可以提存仓储物。

举案说法　谁来承担仓储物的损失

【案情简介】 经营水果批发业务的村民马某与某仓储企业签订了一份保管桃子的仓储合同。合同约定:仓储企业为马某存储桃子 10 吨,期限为 1 个月。同时,合同对货物的质量、包装、验收、保管条件、要求、计费、结算方式、违约责任都作了明确规定。合同订立后,马某按照约定的期限将桃子运至该仓储企业的仓库。合同到期后,马某提货时发现有 1 吨桃子出现了腐烂现象。经过调查得知,仓储企业的员工调错了仓库的温度,造成桃子变质。为此,马某要求仓储企业承担 1 吨桃子的损失。

【法理分析】 在保管合同履行过程中,保管人应当按照仓储合同的约定妥善保管仓储物,因保管人保管不善造成仓储物毁损、灭失的,保管人应当承担损害赔偿责任。在本案中,存储的标的物是桃子,在储存过程中可能会发生损耗。但是,造成 1 吨桃子变质的原因是仓储企业的员工错调了温度。因此,仓储企业应承担 1 吨桃子腐烂的损失。

二十五、签订、履行委托合同应注意的问题

委托合同又称委任合同,是指委托人委托受托人处理事务的合同。在经济活动中,城郊农民有时难以事事亲自办理,这时就需要委托他人来处理事务。因此,委托合同也是城郊农民进行经济活动常用到的合同。签订、履行委托合同应注意以下问题。

(一)委托的事务可以是法律行为,也可以是事实行为

委托人可以委托他人从事法律行为,例如,委托他人替自己签订购销合同。也可以委托他人替自己从事事实行为,例如,委托他人为自己提取货物。但需要注意,委托的事务不得违反法律或者

社会公共利益，否则委托是无效的。

（二）受托人以委托人的名义和费用处理委托事务

受托人处理事务是以委托人的名义和费用来进行的，受托人处理委托事务的后果也是由委托人来承受的。

（三）委托合同可以是有偿的，也可以是无偿的

委托合同可以是有偿的，也可以是无偿的，是否有偿取决于当事人的约定。因此，城郊农民在签订委托合同时应明确是否就委托事项支付报酬。

（四）委托的事务可以是特定的，也可以是概括的

委托人可以特别委托受托人处理一项或者数项事务，也可以概括委托受托人处理一切事务。例如，委托人仅仅委托受托人签订买卖合同属于委托处理一项特定事务，而委托受托人处理与该项买卖相关的所有事项属于概括委托。

（五）转委托的限制

经委托人同意，受托人可以转委托。转委托经委托人同意的，委托人可以就委托事务直接指示转委托的第三人，受托人仅就第三人的选任及其对第三人的指示承担责任。转委托未经委托人同意的，受托人应当对转委托的第三人的行为承担责任；但在紧急情况下受托人为维护委托人利益的转委托除外。

（六）任何一方当事人都有权随时解除委托合同

委托合同是以当事人的相互信任为基础的，任何一方当事人失去了对另一方当事人的信任，合同关系都难以继续保持。否则，即使勉强维持合同关系，也会影响到委托事务的完成。因此，委托

人或者受托人可以随时解除委托合同。

虽然委托合同的任何一方当事人都有权随时解除委托合同，但是因解除委托合同而给对方造成损失的，解除合同的一方应当赔偿损失。如果解除委托合同的事由不可归责于解除合同的一方当事人的话，解除人不承担赔偿责任。例如，农民某甲委托某乙为他收购原材料，某乙多次自作主张，收购的原材料也质量低下，这种情况使某甲认为某乙的人品和能力有问题，于是解除了委托合同。在这个例子中，某甲虽然解除了委托合同，但是并不承担赔偿责任。

举案说法　擅自转委托的后果

【案情简介】　某村村民开办了一个绿色杂粮加工厂。为了打开销路，该村民与某粮油供销公司达成了委托协议，由粮油供销公司代销杂粮加工厂生产的小袋装杂粮，代销款直接汇入杂粮加工厂的帐户，代销报酬另付。不久，粮油供销公司又委托某农产品贸易公司代销加工厂生产的杂粮。粮油供销公司共代销了价值20余万元的杂粮，农产品贸易公司代销了价值15万元的杂粮。但农产品贸易公司并未将代销款汇入杂粮加工厂的帐户。由于几次催讨未果，杂粮加工厂向法院起诉，要求粮油供销公司承担赔偿责任。

【法理分析】　在本案中，杂粮加工厂和粮油供销公司签订的实质上是委托合同，粮油供销公司后来又与农产品贸易公司签订了转委托合同。根据《合同法》的规定，经委托人同意受托人可以转委托；转委托未经委托人同意的，受托人应当对转委托的第三人的行为承担责任。而且，粮油供销公司的转委托并非是紧急情况的转委托。所以，粮油供销公司应当为农产品贸易公司的行为承担赔偿责任。

第四章　城郊农民如何维护生产经营权益

生产经营权益是农民作为农村生产经营主体的重要权益，也是最容易受到侵害的合法权益。城郊农民要学法懂法，并学会运用法律武器捍卫自身的生产经营权益。

一、土地承包的含义、主体与类型

(一)农村土地承包合同的含义

农村土地承包合同是指农村集体经济组织与该组织的成员之间或者与其他公民之间，为了组织管理农村生产经营活动，在农村土地经营管理中确立相互权利义务关系的协议。

(二)农村土地承包合同的主体

农村土地承包的主体分为发包方和承包方。发包方是指发放农村土地承包经营权的村民组织；承包方是指承包农村土地的村民或其他公民。

农民集体所有的土地依法属于村民集体所有的，由村集体经济组织或者村民委员会作为发包方；已经分别属于村内两个以上农村集体经济组织的农民集体所有的，由村内各该农村集体经济组织或者村民小组作为发包方。

国家所有依法由农民集体使用的农村土地，由使用该土地的农村集体经济组织、村民委员会或者村民小组作为发包方。

家庭承包的承包方是本集体经济组织的农户。其他方式承包的承包方可以是农户、其他公民、法人、经济组织等。

(三)农村土地承包的类型

农村土地承包分为家庭承包和其他方式承包。

家庭承包的承包方只能是本集体经济组织的农户。以其他方式承包农村土地,在同等条件下,本集体经济组织成员享有优先承包权。并且发包方将农村土地发包给本集体经济组织以外的单位或者个人承包,应当事先经本集体经济组织成员的村民会议 2/3 以上成员或者 2/3 以上村民代表的同意,并报乡(镇)人民政府批准。

二、土地承包的原则及双方的权利义务

(一)家庭承包的原则

土地承包应当遵循的原则:①按照规定统一组织承包时,本集体经济组织成员依法平等地行使承包土地的权利,也可以自愿放弃承包土地的权利;②民主协商,公平合理;③承包方案应当按照《土地承包法》第十二条的规定,依法经本集体经济组织成员的村民会议 2/3 以上成员或者 2/3 以上村民代表的同意;④承包程序合法。

举案说法一　“倒插门”同样享有平等的土地承包经营权

【案情简介】　现年 37 岁的田某,原为河南省获嘉县大新庄乡张庄村村民,后与该乡李庄村村民李某结婚,生育两个儿子,李庄村委会为其划有宅基地,并对其妻李某进行了计划生育管理,又于 1999 年 12 月同意田某将户口迁入该村。但由于种种原因,李庄村委会一直未允许田某一家承包农业田。为此,2004 年 1 月,田某一家 4 口诉至当地法院。获嘉县法院审理后认为,原告田某

等4人的户口均在李庄村，属于该集体经济组织的成员，有权依法承包由本集体经济组织发包的农村土地，判令李庄村委会按照本村规定允许村民田某一家4口人承包农业土地3 200平方米(4.8亩)。

李庄村委会不服判决上诉后，河南省新乡市中级人民法院作出终审判决驳回其上诉，维持了原判。

【法理分析】 本案是一起典型的村委会非法剥夺土地承包经营权案件。田某的户口在李庄村，他就是该集体经济组织的成员。他与其他集体经济组织成员依法平等地享有承包土地的权利，任何个人、组织均不能剥夺，除非他主动放弃。本案中，田某虽然是“倒插门”，但这丝毫不影响他作为村民依法享有的任何权利。因此，村委会剥夺田某的土地经营权是违法的，应予纠正。

举案说法二 12年无土地耕种，一纸诉状落实土地承包经营权

【案情简介】 陈老汉一家6口人原籍河南省封丘县孙庄乡陈村，20世纪50年代全家迁往邻村闫村，1991年全家又回陈村居住。1998年土地承包时，闫村以其全家迁往陈村为由，6口人只给了半份地，且属短期承包，没有承包合同。陈老汉又多次找陈村村委会要求承包土地，但均被以其全家迁往闫村居住时把土地带走为由不予办理。最终，陈老汉在陈村居住12年，且户口已落入该村，但却没有得到理应承包的土地。2003年4月，64岁的陈老汉把村委会告上了法庭。

法院审理后认为，农村集体经济组织成员有权依法承包本集体经济组织发包的农村土地，任何组织不得剥夺其承包土地的权利。原告陈老汉一家落户陈村，陈村村委会应依法承包给原告土地，原告要求确认土地承包经营权的请求，应予以支持。

【法理分析】 这是一起侵害土地承包经营权的典型案例。

土地对于农民来说有着多重功能，从某种意义上说，农民的衣食住行都离不开土地，土地是农民最重要的“资产”。本案中陈村存在违法问题。从本案情形来看，在陈某全家 1991 年回陈村居住，成为村集体经济组织的成员。在陈某不能从闫村继续承包土地时，陈村应解决落实陈某一家的土地承包经营权。若按现行的《土地承包法》规定，应当用村集体组织预留的机动地，解决陈某一家的土地承包问题。其实，本案中陈某应当尽早拿起法律武器来捍卫自己的合法权益，那样就不至于造成本案这种 12 年无地耕种的后果。

(二)发包方的权利与义务

1. 发包方享有的权利 ①发包本集体所有的或者国家所有依法由本集体使用的农村土地；②监督承包方依照承包合同约定的用途合理利用和保护土地；③制止承包方损害承包地和农业资源的行为；④法律、行政法规规定的其他权利。

2. 发包方承担的义务 ①维护承包方的土地承包经营权，不得非法变更、解除承包合同；②尊重承包方的生产经营自主权，不得干涉承包方依法进行正常的生产经营活动；③依照承包合同约定为承包方提供生产、技术、信息等服务；④执行县、乡(镇)土地利用总体规划，组织本集体经济组织内的农业基础设施建设；⑤法律、行政法规规定的其他义务。

举案说法　村委会未保证正常用地，依法应予赔偿

【案情简介】 2002 年 11 月 9 日，王氏姐弟与马林村四组签订土地承包经营合同一份：四组将本村土地 66 700 平方米(100 亩)交给王氏姐弟经营，期限 20 年。合同还约定任何人都无权擅自变更合同和单方面终止合同等内容。合同签订后，王氏姐弟向四组交纳了 1 年承包金 3.5 万元。王氏姐弟经考察，选定种植药

材项目，为此贷款10万元。但当他们种植到26 680平方米（40亩）药材时，少数村民却多方阻挠，马林村四组多次进行调解未果，造成王氏姐弟已种植的药材无法正常管理，未种植的种子部分出现腐烂霉变。王氏姐弟遂起诉到法院。

法院审理认为：双方所签订的土地承包经营合同合法有效。王氏姐弟已按约履行了义务，被告未尽到合同约定的保证王氏姐弟正常用地的义务，已属违约。2003年6月2日，郑州市金水区人民法院一审判决金水区柳林镇马林村村民委员会第四村民组和该村村民委员会赔偿王氏姐弟经济损失20.459万元；该村村民委员会对该损失负连带清偿责任，王氏姐弟与第四村民组签订的土地承包经营合同继续履行。

【法理分析】　本案是一起土地承包经营权不能得到落实的案件。按照我国《土地承包法》的规定，发包方负有尊重承包方的生产经营自主权、不得干涉承包方依法进行正常的生产经营活动的义务。本案中双方还约定，发包方应保证承包方正常使用土地。但是由于少数村民的阻挠，致使承包方王氏姐弟不能正常使用，发包方又没有有效地予以解决，因此发包方马林村村民委员会第四村民组应承担违约责任，村民委员会承担连带责任。该案是《土地承包法》颁布之前签订的合同，按照《土地承包法》的规定，土地承包方案应当依法经本集体经济组织成员的村民会议2/3以上成员或者2/3以上村民代表的同意。本案少数村民阻挠的原因可能是由于承包方案的产生存在问题。

（三）承包方的权利与义务

1. 承包方享有的权利　①依法享有承包地使用、收益和土地承包经营权流转的权利，有权自主组织生产经营和处置产品；②承包地被依法征用、占用的，有权依法获得相应的补偿；③法律、行政法规规定的其他权利。

2. 承包方承担的义务 ①维持土地的农业用途，不得用于非农建设；②依法保护和合理利用土地，不得给土地造成永久性损害；③法律、行政法规规定的其他义务。

举案说法一 阻挠他人自主生产经营，依法要赔偿

【案情简介】 王某与贺某同为河南省某市朱阳镇老虎沟村民。2002 年 6 月份，该村河北组在进行税费改革与土地调整工作时，村民组经王某同意，决定将原由王某耕种经营的 3 335 平方米(5 亩)耕地转包给贺某耕种经营，并为贺某办理了土地承包经营权证书及相关的农业税费卡等手续。2003 年农历二月份，贺某在该土地上进行耕作时，王某却强行阻挡，致贺某无法耕地。同年农历三月份，贺某栽植花椒树时，王家人又进行阻挡，将贺某已栽好的树木拔掉，并将其约 500 余株花椒树苗全部拿走，导致原告无法栽植，土地一直荒废不能耕种。为此，贺某多次找村委会调解，但都无济于事，无奈之下，他诉至法院，请求依法维护自己的合法权益。人民法院依法判令村民王某立即停止对他人耕种经营的侵权行为，并赔偿被侵害者经济损失 700 元。

【法理分析】 依法承包经营的土地，其承包经营权应受法律保护。我国《土地承包法》第九条规定："国家保护集体土地所有者的合法权益，保护承包方的土地承包经营权，任何组织和个人不得侵犯。"王某两次在原告贺某承包经营的土地上阻挡原告耕种，其行为已侵犯了贺某的合法承包经营权，王某应为其侵权行为承担相应的赔偿责任，因此法院依法判决王某停止侵权并赔偿贺某的经济损失。

举案说法二 承包土地养鸡，不属于改变土地用途

【案情简介】 1999 年 3 月份，经过口头协商，河南某县农民陈某承包了本村的土地。陈某遂在该地垒起围墙，并在围墙内建

成大、小两座鸡舍，分别为灰、砂、砖、瓦、预制板结构。某县土地局经调查后认为，陈某未经批准，擅自在承包的农用土地上建房，对其作出行政处罚决定，责令陈某限期拆除在该块土地上建造的所有建筑物，将土地恢复原状，并对陈某罚款2 831.8元。陈某不服处罚决定，向法院提起诉讼。

一审法院维持了土地管理机关作出的处罚决定，陈某提起上诉。二审法院审理认为陈某承包本村土地建鸡舍养鸡，符合《土地管理法》第十四条第一款的规定。某县土地局认定的陈某所建鸡舍为永久性建筑，鸡舍占地属建设用地的理由不充足，所以对陈某作出的处罚决定是错误的，应予改判。

【法理分析】　本案关键看村民陈某利用土地养鸡的行为是否是改变土地的农业用途。我国《土地管理法》第十四条第一款规定：农民集体所有的土地由本集体经济组织成员承包经营，从事种植业、林业、畜牧业、渔业生产。……农民的土地承包经营权受法律保护。因此，畜牧养殖业用地属于农业用地，不属于改变土地用途。本案中陈某的鸡舍构造简单，建筑层面较低，也易于拆除，所以应属临时建筑，不属于永久建筑。某县土地局认为陈某建造的是永久性建筑，改变了土地用途，对陈某作出的行政处罚决定显然是不对的。但是如果陈某在承包土地上建造了永久性建筑，那么就属于给土地造成永久性损害，此种情况下应予以纠正。

三、土地承包的期限

农村土地承包的承包期限为：耕地30年；草地30～50年；林地30～70年。

举案说法　土地承包期限符合法律规定应予保护

【案情简介】　江西省某县桑田镇肖坊村村民房某与肖坊村

在 1984 年 1 月 15 日签订了一份红纸书面合同，约定肖坊村将大桥头上的一块面积约 2 000 平方米(3 亩)的沙洲地承包给房某，承包期 50～100 年，承包费 200 元。房某在该承包地上种植了橘树，经过 20 年的努力，现橘树已经进入丰产时期。2004 年 2 月份，肖坊村群众找到房某，说合同到期了，要求归还。房某说红纸合同规定了承包期是 50～100 年，不同意归还。群众认为国家规定承包期只有 15 年，合同约定为 50～100 年不合法。双方的纠纷先经过当地乡政府的调解无效，最后肖坊村将房某告上法庭，强烈要求房某归还土地。

法院根据查明的事实认为，原被告约定的承包期在当时来说虽然偏长，但并不违反农业承包政策，是不违法的。原告方以当时的农村土地承包政策只允许承包 15 年、约定承包 50～100 年违法为由要求解除合同的主张无法律依据，法院因此驳回了村委会的诉讼请求。

【法理分析】 我国《土地承包法》第二十条规定，耕地的承包期为 30 年，林地的承包期为 30～70 年。第六十二条又规定《土地承包法》实施前已经按照国家有关农村土地承包的规定承包，包括承包期限长于本法规定的，本法实施后继续有效，不得重新变更已承包的土地。

根据 1984 年中央一号文件规定"土地承包期一般应在 15 年以上，生产周期长和开发性的项目，如果树、林木、荒地等承包期应更长一些"；同年 9 月 29 日，中共中央和国务院就下发的《关于帮助贫困地区尽快改变面貌的通知》第二条第二项指出，"耕地承包期可延长至 30 年"。

因此，房某与肖坊村 1984 年签订的承包合同，符合当时的土地承包经营政策，在《土地承包法》实施后继续有效，肖坊村不得重新承包土地。

四、土地经营权的调整与流转

(一)土地承包生效后发包方不得随意变更

《土地承包法》第二十四条规定:承包合同生效后,发包方不得因承办人或者负责人的变动而变更或者解除,也不得因集体经济组织的分立或者合并而变更或者解除。

举案说法 村委会班子调整,擅自变更承包山地无效

【案情简介】 1991 年 2 月,邢某与华东村委会就该村一片荒山签订了荒山承包合同,合同约定期限 25 年,边界清楚。此后,邢某在荒山上栽种了花椒树,经过 10 年辛勤的培育,这些花椒树都进入了丰产期,邢老汉的收入也是一年比一年增加。但却引起了一些人的"红眼病"。2000 年 3 月,村委会领导班子进行了调整,新村委会没有与邢某商量,就擅自将邢某承包的荒山中的 266.8 平方米(0.4 亩)山地和地上种植的 80 棵已进入丰产期的花椒树分给了其他村民管理、收益。邢老汉不服,经多次交涉无效,2001 年 8 月依法向法院起诉,请求法院判令华东村委会停止侵害其土地承包经营权,返还被非法分割的山地,赔偿经济损失。

2001 年 12 月山东省枣庄市山亭区人民法院作出一审判决:华东村委会重新承包邢某 266.8 平方米(0.4 亩)山地的行为无效;山地上所种的花椒树仍归邢某所有,并赔偿邢某经济损失 2 083.20元。

【法理分析】 本案是一起因村委会领导班子变动而侵犯村民土地承包经营权的典型事件。承包合同生效后,发包方不得因承办人或者负责人的变动而变更或者解除,也不得因集体经济组

织的分立或者合并而变更或者解除。本案中，邢某与村委会签订的承包协议已生效，并已履行10年之久，不能因为换了村委会干部就随意变更。因此法院依法判决邢某与村委会签订的荒山承包合同因未到合同期限，应该继续有效，依法保护邢某合法的土地承包经营权。

(二)可以调整承包地的几种特殊情形

《土地承包法》第二十七条第二款对调整承包地的问题作出严格规定：承包期内，因自然灾害严重毁损承包地等特殊情形对个别农户之间承包的耕地和草地需要适当调整的，必须经本集体经济组织成员的村民会议2/3以上成员或者2/3以上村民代表的同意，并报乡(镇)人民政府和县级人民政府农业等行政主管部门批准。承包合同中约定不得调整的，按照其约定执行。

上述特殊情形主要包括：①部分农户因自然灾害严重损毁承包地的；②部分农户的土地被征用或者用于乡村公共设施和公益事业建设，丧失土地的农户不愿意农转非，不要征地补偿等费用，要求继续承包土地的；③人地矛盾突出的。

(三)发包方可以收回承包地的情形

承包期内，发包方一般不得收回土地。但出现以下情形时，发包方有权收回发包土地：①承包期内，承包方全家迁入设区的市，转为非农业户口的，应当将承包耕地和草地交回发包方。承包方不交回的，发包方可以收回承包的耕地和草地。②承包经营耕地的单位或者个人连续2年弃耕抛荒的，原发包单位应当终止承包合同，收回发包的耕地。

举案说法　“蓝印户口”的承包的土地可以收回

【案情简介】　“蓝印户口”即农转非户口。20世纪90年代

初，随着城市化建设的不断发展，户口政策也随之放开，要求“农转非”的农民，不惜重金购买非农业户口，由于“农转非”的户口本盖的是蓝色印章，故被俗称为“蓝印户口”。

2003 年 8 月 2 日，持“蓝印户口”的于颖将收回其土地承包权的衢江区石梁镇中央方村的村民委员会，告上了浙江省衢江区人民法院，要求继续享有土地承包权。

原告于颖诉称，1982 年实行家庭联产承包责任制，原告家 4 口人共承包了村里的 2 654.66 平方米(3.98 亩)土地，1994 年 4 月，被告村委会在实行延长第二轮大田承包土地工作时，将原告的东家塘底路边承包的土地 552.276 平方米(0.828 亩)划给第三人承包。原告认为，被告村委会强行没收自己土地并转包给第三人，此做法已侵犯了原告继续承包土地的经营权，为此向法院起诉，要求确认原告同村里签订的原土地 2 654.66 平方米(3.98 亩)的承包合同有效。

被告村委会却辩称，由于原告于颖系蓝印非农业户口，于 1994 年 12 月 23 日迁至柯城公安分局(花园派出所)，已不属本村在册人口。1999 年 4 月被告根据县、镇政府《关于延长大田承包期完善二轮承包工作意见》的文件精神，召开了村民小组长和村“两委”会议，制定了《中央方村完善二轮大田承包工作实施细则》，并经各村民小组 2/3 以上户主讨论同意，划出原告户在东家塘底 552 平方米(0.828 亩)责任承包田归第三人承包经营。原告于颖的户口已迁至柯城，非中央方村村民，不能享有农业责任田承包经营权。

法院审理后认为，1999 年石梁镇政府在完善大田二轮承包工作时，根据本镇实际制定了有关政策意见，对“蓝印户口”在外县(市、区)办理的，原则上不享有承包权。被告中央方村村委会也根据本村实际，制定了《完善大田二轮承包工作实施细则》，该细则规定，对在本县的“蓝印户口”给予一半承包田，经劳动部门批准参加

工作的不给承包田。原告于颖于 1994 年 12 月 28 日在柯城区取得"蓝印户口",据此,被告在 1999 年完善大田二轮承包工作中,将原告于颖在第一轮大田承包时承包的 552.276 平方米(0.828 亩)土地予以调整收回,符合有关法规政策的规定。原告要求确认继续享有土地承包权的主张,缺乏事实和法律依据,法院不予支持。

【法理分析】 本案是户口农转非、原承包地被收回的土地经营权纠纷。根据《土地承包法》的规定,承包期内,承包方全家迁入设区的市、转为非农业户口的,应当将承包的耕地和草地交回发包方。承包方不交回的,发包方可以收回承包的耕地和草地。在 1999 年石梁镇政府在完善大田二轮承包工作时,根据本镇实际制定了有关政策意见,对"蓝印户口"在外县(市、区)办理的,原则上不享有承包权。中央方村根据县、镇政府《关于延长大田承包期完善二轮承包工作意见》的文件精神,召开了村民小组长和村"两委"会议,制定了《中央方村完善二轮大田承包工作实施细则》,并经各村民小组 2/3 以上户主讨论同意,收回原告户在东家塘底 552.276 平方米(0.828 亩)责任承包田归第三人承包经营,符合《土地承包法》的承包程序规定。本案中原告于颖虽然并非举家迁往设区的市,但其个人户口已迁往设区的市,已不属于中央方村村民,因此村委会收回其个人原承包份额的土地,符合法律规定。

(四)承包地收回的限制

第一,一般情况下,承包期内,发包方不得收回承包地。

第二,承包期内,承包方全家迁入小城镇落户的,应当按照承包方的意愿,保留其土地承包经营权或者允许其依法进行土地承包经营权流转。

第三,承包期内,妇女结婚,在新居住地未取得承包地的,发包方不得收回其原承包地;妇女离婚或者丧偶,仍在原居住地生活或者不在原居住地生活但在新居住地未取得承包地的,发包方不得

收回其原承包地。

举案说法一 出嫁女未新获承包地,原承包地不能收回

【案情简介】 1999 年,李芳与所在村的村委会签订了土地承包经营合同,并领取了土地承包经营权证。2001 年 3 月,李芳与外村男青年结婚,但一直未将户口迁出,亦未在男方村里分得承包地。2004 年初,李芳户口所在地的村委会以李芳已出嫁为由,收回了她的承包地,2002 年、2003 年两年该组每个村民应得的征用土地补偿费 750 元和 3 011 元也未分配给她。为此,李芳诉至法院,要求村委会立即停止侵害其土地承包经营权,返还被村委会收回的承包地,分给她应分得的征用土地补偿费。

法院经审理认为,原告与被告签订的土地承包经营合同合法有效。原告婚后在新居住地未取得承包地,根据我国《土地承包法》第三十一条:“承包期内,妇女结婚,在新居住地未取得承包地的,发包方不得收回其原承包地”的规定和其他有关法律规定,判决被告立即停止侵害,返还原告的承包地,付给原告征用土地补偿费 3 761 元。

【法理分析】 这是一起侵犯女性土地承包经营权及土地征用补偿费的典型案件。受传统观念的束缚,占农民总数一半的女性农民的土地承包经营权经常遭受侵害。我国《土地承包法》规定,土地承包经营合同签订后,在承包期内,发包方不得随意收回承包地。根据这一原则,该法律在第三十一条进一步规定,承包期内,妇女结婚,在新居住地未取得承包地的,发包方不得收回原承包地。这些规定体现了我国的男女平等原则及保障土地承包关系相对稳定的精神。本案中原告李芳与外村青年结婚,但在男方所在村里未分得承包地,依照上述规定,作为发包方不能收回她的承包地。同时,根据《土地管理法》的规定,只要原告仍具有被告的村民身份,她就应享有与本村其他村民同等的权利,被告以原告出嫁

为由,不向原告分配每个集体组织成员应得的土地补偿费的做法,是违法的。

举案说法二　出嫁女未承包地,原承包地不能收回

【案情简介】　原告李某1996年8月嫁到山东省枣庄市山亭区某村,同年12月,由其所在村的村委会分给承包地1 334平方米(2亩),同时双方签订了为期15年的土地承包合同。原告李某,说婚后因与丈夫不合,于2002年10月离婚,李某离婚后回娘家居住。2002年12月被告村委会以李某已经离婚且已不在本村居住为由,口头通知李某,说她所承包的土地已被村里按规定收回,李某多次同村里交涉,要求继续承包被告的土地均遭拒绝,最后,失去土地的李某于2003年2月将村委会告上了法庭。人民法院依法判决村委会单方中止与李某间的土地承包合同、并强行收回李某所承包土地的行为为无效行为,判令村委会返还李某的承包地,并赔偿因此给李某造成的损失。

【法理分析】　这也是一起侵犯女性土地承包经营权的典型案件。

《中华人民共和国妇女权益保障法》第三十条规定:“农村划分责任田、口粮田等,以及批准宅基地,妇女与男子享有平等权利,不得侵害妇女的合法权益。”“妇女结婚、离婚后,其责任田、口粮田、宅基地等,应当受到保障。”《土地承包法》第三十条规定:妇女离婚或者丧偶,仍在原居住地生活或者不在原居住地生活但在新居住地未取得承包地的,发包方不得收回其原承包地。对农村离婚妇女的土地承包经营权作了特别的规定予以保护。本案中,原告李某在与其丈夫离婚后,尽管已回到其娘家所在的村居住,但在娘家居住地并未取得新的承包地,因此应继续承包其原承包地。被告某村委会以原告离婚并回娘家居住为由将其承包地收回,显然违反了上述法律规定,故法院最后判决被告村委会强行收回李某

承包地的行为无效，该 1 334 平方米(2 亩)土地由原告李某继续承包。

(五)承包期内承包方可以自愿交回土地

承包地的交回是指在承包期内，承包方自愿将发包方所发包的全部或者部分土地交给发包方，并不得在承包期内向发包方再要求承包地的制度。我国《土地承包法》第二十九条规定："承包期内，承包方可以自愿将承包地交回发包方。承包方自愿交回承包地的，应当提前半年以书面形式通知发包方。承包方在承包期内交回承包地的，在承包期内不得再要求承包土地。"该条包含以下含义：一是退回土地的主体必须是承包者，即享有土地承包经营权的人。二是自愿原则。是否交回承包地，何时交回承包地，是承包方的权利，任何单位或者个人不得强迫承包方退回土地。三是时间要求。承包方应当提前半年通知发包方。四是形式要求。承包方必须向发包方书面提出申请。五是承包方一旦将土地退回，要承担在承包期内其将无权再向发包方要求承包土地的后果。

最高人民法院《关于审理涉及农村土地承包纠纷案件适用法律问题的若干规定（征求意见稿）》第十八条规定："承包期内，承包方未提前半年以书面形式通知发包方并实际交回承包地的，不得认定其为自愿交回承包地。"这一规定有利于有效保护承包方的合法权益，避免发包方已实际收回土地，但发包方与承包方就土地是否自愿交回发生争议时无法认定。

举案说法　交回土地未经权利人同意，法律后果自己承担

【案情简介】　原告徐某与被告伍某系亲家关系，伍某之女嫁给徐某之子。徐某原先并非被告村经济合作社的成员，1978 年随儿子、儿媳将户口迁至被告所在村经济合作社并在该村建房居住，并将户口登记在被告伍某家。1997 年农村集体土地第二轮承包

时，徐某应当享有667平方米(1亩)的土地承包经营权。在划分承包土地时，因徐某的儿媳系伍某之女，且徐某的户口登记在伍某家中，村经济合作社便以伍某为户主，将徐某作为伍某的家庭成员，将徐某应当承包经营的土地与伍某夫妇的承包地划分在一起，但当时未明确徐某承包经营土地的具体位置。此后，伍某领取了包括徐某在内的农村土地承包经营权证书，并耕种所承包的土地。在土地二轮承包时，徐某没有到场，之后也未与伍某分割土地承包经营权，也未实际耕种其所承包的土地。伍某在其妻子去世后，伍某便以无能力耕种为由将其名下的667平方米(1亩)土地当成徐某承包经营的土地，在未征得徐某同意的情况下交还村经济合作社。村经济合作社收回该667平方米(1亩)土地后安排给他人耕种。此后，徐某将其户口从伍某家中分出，单独立户，因徐某要求伍某从其作为户主所承包的土地中分出667平方米(1亩)交给自己耕种，但伍某认为在妻子去世后就将徐某应承包经营的土地退还给了村集体，村集体又将该讼争土地安排给他人耕种，自己并未占有徐某承包经营的土地。2005年3月10日，原告徐某诉至法院。

法院经审理后认为，原告徐某作为被告村经济合作社成员，有权依法承包村集体经济组织发包的土地。被告伍某作为户主领取了包括徐某的承包经营权在内的土地承包经营权证书后，应当认定徐某已经享有了合法有效的土地承包经营权，且该权利受法律保护，任何组织和个人不得侵害。被告伍某将其名下的667平方米(1亩)土地作为原告徐某承包经营的土地份额，在未征得徐某同意的情况下退交村集体，因徐某对该行为未进行追认，对其并不产生法律上的约束力。后因徐某已经与伍某分户，其要求伍某退还其承包地，符合法律规定。被告村经济合作社不负有向原告徐某直接返还承包土地的义务，由被告伍某在判决发生法律效力后15日内将其承包土地中的667平方米(1亩)分割给原告徐某。

【法理分析】 本案是一起因农业承包地的交回而引起的土地承包经营权纠纷。引起本起纠纷的原因在于:本案被告伍某在退回承包地时没有严格遵循我国法律对农业承包地的退回制度,即其交回的只能是他享有经营权的土地。由于本案的特殊情形,徐某的承包地在伍某的名下,伍某要交回徐某享有经营权的土地,应经过徐某的同意。本案中,被告伍某和原告徐某在二轮土地承包后并没有对承包地进行分割,原告徐某也未实际耕种承包地。因此,人民法院在审理中无法确定在被告伍某名下的哪一块承包地属于原告徐某,被告伍某关于其向村集体合作社所交回的土地就是原告徐某的承包地的主张缺乏依据。在原、被告分户后,被告伍某应当向原告返还承包地。如果当初在被告伍某交回土地时,村经济合作社的经办人向原告徐某征求一下意见,形成书面的记录,就不至于引起后来的纠纷了。

(六)土地承包经营权的继承

家庭承包的承包方是本集体经济组织的农户,家庭中部分成员死亡的,不发生土地承包经营权继承问题,承包地由家庭其他成员继续承包经营。家庭成员全部死亡的,该土地承包经营权消灭。但承包地为林地的除外。如在一个 3 口之家,妻子因病去世,妻子生前分到的承包地并不产生继承问题,而是由其丈夫和孩子继续承包,妻子的父母不能要求继承,发包方也不得收回其承包地。当因承包人死亡、承包经营的家庭消亡的情况下,由集体经济组织收回其家庭的承包耕地和草地,不得继承。但承包人应得的承包收益如已收获的粮食、未收割的农作物等,则应当依照继承法的规定继承,继承人可以是本集体经济组织的成员,也可以不是本集体经济组织的成员。林地承包的承包人死亡,其继承人可以在承包期间继续承包,继承人可以是本集体经济组织的成员,也可以不是本集体经济组织的成员。

土地承包经营权通过招标、拍卖、公开协商等其他方式取得的，该承包人死亡，其应得的承包收益，依照继承法的规定继承；在承包期内，其继承人或权利义务的继受者取得土地承包经营权。

（七）土地经营权的流转

农村集体土地承包经营权流转，是在坚持家庭承包经营和土地承包长期稳定的前提下，允许和鼓励农户将其承包的土地等生产经营项目的承包经营权，依法转包、转让、入股、出租、抵押和继承等的行为。

根据我国目前农村的实际，土地承包经营权流转的主要方式有如下几种。

1. 农户互换 指承包方在承包期内，将所承包的土地等生产经营项目部分或者全部与其他农户互换耕种。承包方与发包方依据承包合同确立的权利、义务关系不变。

2. 转让 是指承包方在承包期内，将承包合同转让给第三者。承包合同一经转让，承包方与发包方依据承包合同确立的权利、义务即行终止，第三者向发包方履行承包合同规定的义务，并享有合同规定的权利。

3. 出租 是指承包方在承包期内，将承包合同出租给第三者，收取租金。承包方与发包方依据承包合同确立的权利、义务关系不变。

4. 自愿退出承包 农户自愿退出承包，集体经济组织将其退出的土地集中起来组织规模经营。

5. 集体经济组织向农户反租倒包 是指在农户自愿的基础上，发包方采取反租倒包的形式租回土地，租回的土地可重新发包或集体统一经营。采取这种形式，签订反租倒包协议原承包不变，其相应的义务由发包方承担。

6. 承包经营权入股 它是指在具体界定农户对集体土地所

占份额的基础上，将承包经营权折价入股，组成股份合作经营，土地经营所获得的利润，按实际入股的土地分配。

(八)土地经营权流转的原则

国家鼓励农村土地经营权的合法有序流转。土地经营权的流转必须遵循以下 5 个基本原则：①平等协商、自愿、有偿，任何组织和个人不得强迫或者阻碍承包方进行土地承包经营权流转；②不得改变土地所有权的性质和土地的农业用途；③流转的期限不得超过承包期的剩余期限；④受让方须有农业经营能力；⑤在同等条件下，本集体经济组织成员享有优先权。

举案说法　转让土地用于建房，转让协议无效

【案情简介】 2003 年 1 月 2 日，叶某因为建房需要，和俞某签订了一份土地承包权转让协议，由俞某将承包的 533.6 平方米(0.8 亩)土地转让给叶某，同时叶某支付转让金 1.5 万余元。随后，叶某就在土地上准备盖房，却因为没有办好建房审批手续无法建房。下半年，该土地被国家征用，叶某领取了 789 元青苗补偿费，其他土地补偿费由村组织按规定进行了发放。面对巨大的损失，叶某起诉要求法院确认土地承包转让协议无效，要求俞某返还土地转让金。而俞某认为该转让协议征得村组织的同意，应该是有效的。因为没有办妥建房审批手续，致使建房不成而被国家征用，叶某应自己负责。

法院经审理后认为，俞某和叶某签订转让协议违反《土地管理法》的禁止性规定，而村委会也无权批准将土地转让用于非农建设，转让合同无效，由此取得的财产应该返还。依法判处叶某和俞某签订的土地承包权转让协议无效，俞某返还叶某土地转让金 1.5 万余元人民币，而由叶某返还俞某青苗补偿费 789 元人民币。

【法理分析】 这是一起改变土地农业用途的无效土地转让

行为。《土地承包法》规定土地经营权的流转不得改变土地的农业用途。《土地管理法》第二十六条第二款规定禁止占用耕地建窑、建坟或者擅自在耕地上建房、挖砂、采石、采矿、取土等。《土地管理法》第四十四条又规定：建设占用土地，涉及农用地转为建设用地的，应当办理农用地转用审批手续。省、自治区、直辖市人民政府批准的道路、管线工程和大型基础设施建设项目、国务院批准的建设项目占用土地，涉及农用地转为建设用地的，由国务院批准。在土地利用总体规划确定的城市和村庄、集镇建设用地规模范围内，为实施该规划而将农用地转为建设用地的，按土地利用年度计划分批次由原批准土地利用总体规划的机关批准。在已批准的农用地转用范围内，具体建设项目用地可以由市、县人民政府批准。本条第二款、第三款规定以外的建设项目占用土地，涉及农用地转为建设用地的，由省、自治区、直辖市人民政府批准。

本案俞某与叶某签订的土地承包转让协议用于建房及村委会同意利用农用土地建房的行为均违反了上述法律规定，按照《合同法》的规定违反法律和行政法规的合同无效。因此法院依法作出了上述判决。

五、无效承包合同的认定

第一，发包方以权属不明或者存在争议的土地订立的承包合同，应当认定为无效。但在起诉前该土地已经县级以上人民政府确权给发包方的除外。

第二，村集体经济组织或者村民委员会未经村内集体经济组织或者村民小组委托订立的承包合同，由村内集体经济组织或者村民小组取得发包方的权利义务。但承包合同严重损害该村内集体经济组织成员利益的，应当认定为无效。

第三，家庭承包的承包方以不属于同一集体经济组织的土地

所订立的互换土地承包经营权的合同，应当认定为无效。但在起诉前经双方所在集体经济组织同意的除外。

第四，将“农民集体所有的适宜采取家庭承包方式承包的耕地、林地、草原”、“发包方未取得使用权的属于国家所有的土地”、“农民的自留山、责任山”以其他方式承包订立的承包合同，应当认定为无效。

第五，本集体经济组织以外的人与本集体经济组织订立的承包合同未经民主议定程序或者未经乡（镇）人民政府批准，本集体经济组织成员依据《土地承包法》第四十八条的规定，请求确认该合同无效的，应当认定为无效。

第六，农村集体经济组织或者他人未经承包方委托订立的土地承包经营权流转合同，承包方主张该合同无效的，应当认定为无效。

第七，承包期内，发包方强迫承包方将土地承包经营权流转给发包方，承包方主张该流转无效的，应当认定为无效。

举案说法一　村组长土地承包期内擅自转包被判违约

【案情简介】　江西省弋阳县清湖乡莲湖村委会莲湖村小组在铁路背神仙龙有4 002平方米（6亩）田，2002年3月，原告吴某找到被告的几位村干部要求耕种。经村干部研究决定，同意将此田承包给原告耕种，但是未召开村民大会或者村民代表会议，也未签定书面承包合同，双方只是口头对租金及支付时间、租期进行了约定，其租期至2006年12月。之后，该田由原告耕种，每年交付租金。陈某担任村组长后，于2004年擅自将该田发包给第三人杨某耕种，原告得知后，与被告多次交涉未果，故起诉至法院。法院一审判决解除被告弋阳县清湖乡莲湖村委会莲湖村小组与第三人杨某的土地承包协议，由被告继续履行与原告吴某的土地承包协议。

【法理分析】 本案中,原、被告双方所达成的口头土地承包协议,系双方真实意思的表示,且不违反有关法律、政策强制性规定,合法有效,双方均应按约定享受权利、履行义务。原告按协议履行了应尽的义务,但被告在承包期限内中途擅自将该土地承包给第三人杨某经营,根据最高人民法院《关于审理涉及农村土地承包纠纷案件适用法律问题的若干规定(征求意见稿)》规定:农村集体经济组织或者他人未经承包方委托订立的土地承包经营权流转合同,承包方主张该合同无效的,应当认定为无效。村组长的行为显然违反了法律规定,属无效行为。因此村小组应承担继续履行合同的责任。

举案说法二 集体林木承包经营权转让程序不合法无效

【案情简介】 1999年1月,原告李坊乡管密村委会召开村民代表大会和党员会,两会通过决定,将本村68.27公顷世界银行贷款造的林木委托给村民管理,并实行公开招标。同月,本村村民曾某等19户以7.54万元风险押金中标,取得经营权,并由部分(4人)村民与原告签订了承包经营管理合同,但原告未加盖公章。1999年1月25日,19户村民将风险抵押金7.54万元如数交给了原告。后由于林木间伐问题19户村民意见不能统一,有多数人提出把经营权转让掉。

2002年6月底,村书记吴某找到村主任曾某,提出:要么由村里买下19户村民的经营权,或者由19户村民买断林权。于是,2002年6月30日晚上,吴某、曾某等人召集19户村民开会(其中6户未到)商量此事,经13户村民商议决定,原告在15日内给19户村民9.5万元,山场由原告收回,如果原告在15日内不能交付,就由19户村民交10万元给原告一次性买断,当时到会的13户村民签订了协议。

2002年7月1日原告就与被告华侨国有林场草签该山场的

协议,协议规定:转让价格15.6万元,经营期限50年,同时给光泽县林业局写了一份“关于请求将李坊乡管密村的部分山林权属过拨给光泽县华侨国有林场经营的报告”,要求林业部门将斗溪山场30和31林班的林权过拨给被告,并称经过村民代表大会通过。2002年7月10日,原、被告正式签订了《山林权拨交协议书》。同时通知19户村民领取退股金,当村民得知上述情况后,不肯领取退股金,直至2002年9~12月,才由村出纳将每户股金5000元及利息分送到村民家中。

2003年11月,村民听说被告拟砍伐该山场时,便多次自发组织到县政府上访。之后,原告迫于村民的压力,遂诉至法院要求判令原、被告合同无效。法院经审理依法判决原、被告订立的《山林拨交协议书》无效。

【法理分析】 本案是一起典型的农村林业承包经营权纠纷案件。《中华人民共和国村民委员会组织法》第十九条规定:“涉及村民利益的下列事项,村民委员会必须提请村民会议讨论决定,方可办理”的第五项规定的“村集体经济项目的立项、承包方案等涉及村民利益的事项”。68.27公顷集体林权的转让是重大村集体经济项目,是重要村务,依法应召开村民大会或村民代表大会讨论决定。《中华人民共和国土地承包法》第四十八条第一款规定:“发包方将农村土地发包给本集体经济组织以外的单位或者个人承包,应当事先经本集体经济组织成员的村民会议2/3以上成员或者2/3以上村民代表的同意,并报乡(镇)人民政府批准。”最高人民法院《关于审理涉及农村土地承包纠纷案件适用法律问题的若干规定(征求意见稿)》第十条规定:“本集体经济组织以外的人与本集体经济组织订立的承包合同未经民主议定程序或者未经乡(镇)人民政府批准,本集体经济组织成员依据《土地承包法》第四十八条的规定,请求确认该合同无效的,应予支持。”

本案原告在签订集体林权转让合同时,违反了民主议定原则

和有关集体林权转让程序的规定。违反了上述法律的强制性规定，因此法院依法判决原告、被告的转让协议无效。

六、土地承包经营纠纷的解决途径

土地承包经营纠纷发生后，一般可采取以下解决途径。

（一）协商解决

双方当事人可以通过友好协商解决土地承包经营纠纷。

（二）调解解决

双方当事人也可以请求村民委员会、乡（镇）人民政府等调解解决。

（三）申请仲裁

当事人不愿协商、调解或者协商、调解不成的，可以向农村土地承包仲裁机构申请仲裁。

（四）诉讼解决

当事人不愿协商、调解或者协商、调解不成的，也可以直接向人民法院起诉。另外，对农村土地承包仲裁机构的仲裁裁决不服的，可以在收到裁决书之日起 30 日内向人民法院起诉。

七、农村土地的征用与补偿

（一）土地征用的含义和特征

土地征用是发生在国家和农民集体之间的所有权转移，是指

国家为了社会公共利益的需要，按照法律规定的批准权限和程序批准，并给农民集体和个人补偿后，将农民集体所有土地转变为国家所有。

土地征用具有下列特征：①国家建设征用土地的主体必须是国家。只有国家才能在国家建设征用土地法律关系中充当征用主体。②国家建设征用土地是国家行政行为，具有强制性。③国家建设征用土地是国家公共利益的需要。其一，是直接的国家建设需要或公共利益的需要。比如发展和兴办国防建设、公用事业、市政建设、交通运输、水利事业、国家机关建设用地等等，皆是以公共利益为直接目的的事业。其二，是广义的国家建设需要或者广义的公共利益需要。就是说，凡是有利于社会主义现代化建设、有利于人民生活水平的提高、有利于综合国力的加强，诸如设立国家主管机关批准的集体企业、三资企业、兴办国家主管机关批准的民办大学以及其他社会公益事业等等，均是广义上的国家建设和公共利益之需要。④国家建设征用土地必须以土地补偿为必备条件。征地补偿以使被征用土地单位的农民生活水平不降低为原则。⑤国家建设征用土地的标的只能是集体所有的土地。

(二)土地征用的程序

根据我国现行法律规定，土地征用程序的具体步骤如下。

第一，建设单位申请用地。

第二，土地行政主管部门拟订有关方案，包括征地方案、供地方案等。

第三，告知征地情况。在征地依法报批前，当地国土资源部门应将拟征地的用途、位置、补偿标准、安置途径等，以书面形式告知被征地农村集体经济组织和农户。

第四，确认征地调查结果。当地国土资源部门应对拟征土地的权属、地类、面积以及地上附着物权属、种类、数量等现状进行调

查，调查结果应与被征地农村集体经济组织、农户和地上附着物产权人共同确认。

第五，组织征地听证。在征地依法报批前，当地国土资源部门应告知被征地农村集体经济组织和农户，对拟征土地的补偿标准、安置途径有申请听证的权利。当事人申请听证的，应按照《国土资源听证规定》规定的程序和有关要求组织听证。

第六，建设用地审查。对建设用地的征用目的等进行审查，即是否是为了公共利益。

第七，批准。

第八，公开征地批准事项。经依法批准征收的土地，除涉及国家保密规定等特殊情况外，国土资源部和省级国土资源部门通过媒体向社会公示征地批准事项。县（市）国土资源部门应按照《征用土地公告办法》规定，在被征地所在的村、组公告征地批准事项。

第九，支付征地补偿安置费用。征地补偿安置方案经市、县人民政府批准后，应按法律规定的时限向被征地农村集体经济组织拨付征地补偿安置费用。当地国土资源部门应配合农业、民政等有关部门对被征地集体经济组织内部征地补偿安置费用的分配和使用情况进行监督。

第十，征地批后监督检查。各级国土资源部门要对依法批准的征收土地方案的实施情况进行监督检查。因征地确实导致被征地农民原有生活水平下降的，当地国土资源部门应积极会同政府有关部门，切实采取有效措施，多渠道解决好被征地农民的生产生活问题，维护社会稳定。

举案说法　土地征用程序违法，应追究有关人员责任

【案情简介】　搞开发区一度成了山东省齐河县最时髦的事情，能否招商引资成了检验干部政绩的硬指标，每个乡（镇）都被要求搞开发区，否则乡（镇）长就要下台。于是，“以土地换投资”就成

了必然选择，许多“开发区”即使招不来项目，也要打个木桩竖个牌，先圈起来再说。2002 年，当地县政府最得意的引资项目是建造一片“高尚别墅区”和高尔夫球场，为此征地 186.67 公顷，4 个村庄的农民在毫不知情的情况下，被强行圈走大部分土地，田里即将成熟的庄稼被无情铲掉，每 667 平方米(1 亩)价值 400 元左右的劳动果实毁于一旦，而县里仅按每 667 平方米(1 亩)200 多元的标准赔偿了“青苗费”，个别阻拦的农民还被公安机关拘押。

【法理分析】　这是一起典型的政府不经法定审批程序违法征用农用耕地的案件。据 10 个省、直辖市、自治区的统计，在 30.54 万公顷开发园区的实际用地中，竟有 68.7%没有经过合法的批准手续。另据统计，截至 2003 年年底，全国共有 6 015 个各类开发园区，规划面积达 3.54 万平方公里，超过现有城镇建设用地的总量。过多过滥的开发园区，大量圈占了农民土地，甚至包括部分基本农田，导致农民陷入失地失业的困境，而被征土地的闲置率却高达 43%。导致这种情形产生的原因在于土地征用没有依法进行。本案中齐河县招商引资征用 186.67 公顷农用土地，按照《土地管理法》第四十五条规定，该土地征收项目应报国务院批准。另外根据该法第七十八条规定：“无权批准征收、使用土地的单位或者个人非法批准占用土地的，超越批准权限非法批准占用土地的，不按照土地利用总体规划确定的用途批准用地的，或者违反法律规定的程序批准占用、征收土地的，其批准文件无效，对非法批准征收、使用土地的直接负责的主管人员和其他直接责任人员，依法给予行政处分；构成犯罪的，依法追究刑事责任。”应当依法追究当地县政府有关人员的法律责任。

(三)土地征收的补偿项目和补偿标准

1. 土地征收的补偿项目　征收耕地的补偿费用包括土地补偿费、安置补助费以及地上附着物和青苗的补偿费。征收耕地的

土地补偿费，为该耕地被征收前3年平均年产值的6～10倍。征收耕地的安置补助费，按照需要安置的农业人口数计算。需要安置的农业人口数，按照被征收的耕地数量除以征地前被征收单位平均每人占有耕地的数量计算。每一个需要安置的农业人口的安置补助费标准，为该耕地被征收前3年平均年产值的4～6倍。但是，每公顷被征收耕地的安置补助费，最高不得超过被征收前3年平均年产值的15倍。

2. 统一年产值标准的制定 省级国土资源部门要会同有关部门制定省域内各县（市）耕地的最低统一年产值标准，报省级人民政府批准后公布执行。制定统一年产值标准可考虑被征收耕地的类型、质量、农民对土地的投入、农产品价格、农用地等级等因素。

3. 统一年产值倍数的确定 土地补偿费和安置补助费的统一年产值倍数，应按照保证被征地农民原有生活水平不降低的原则，在法律规定范围内确定；按法定的统一年产值倍数计算的征地补偿安置费用，不能使被征地农民保持原有生活水平，不足以支付因征地而导致无地农民社会保障费用的，经省级人民政府批准应当提高倍数；土地补偿费和安置补助费合计按30倍计算，尚不足以使被征地农民保持原有生活水平的，由当地人民政府统筹安排，从国有土地有偿使用收益中划出一定比例给予补贴。经依法批准占用基本农田的，征地补偿按当地人民政府公布的最高补偿标准执行。

4. 征地区片综合地价的制定 有条件的地区，省级国土资源部门可会同有关部门制定省域内各县（市）征地区片综合地价，报省级人民政府批准后公布执行，实行征地补偿。制定区片综合地价应考虑地类、产值、土地区位、农用地等级、人均耕地数量、土地供求关系、当地经济发展水平和城镇居民最低生活保障水平等因素。

(四)土地补偿费的分配

土地补偿费的分配按照土地补偿费主要用于被征地农户的原则,土地补偿费应在农村集体经济组织内部合理分配。具体分配办法由省级人民政府制定。土地被全部征收,同时农村集体经济组织撤销建制的,土地补偿费应全部用于被征地农民生产生活安置。

举案说法　土地补偿金应在被征地的集体经济组织成员间合理分配

【案情简介】 2003 年底被征用的土地,却按 1994 年承包土地的人口发放土地补偿费和安置补助费的刘亮,为索要征地补偿费愤而将居委会告上法庭。2004 年 6 月 30 日,江苏省沛县人民法院审结此案,判令江苏省能源经济技术开发区孟桥社区居民委员会给付刘亮土地补偿费、安置补助费 1.21 万余元。

刘亮 1995 年 8 月 5 日出生,是江苏省能源经济技术开发区孟桥社区居民委员会村民,2003 年 12 月 24 日,江苏省能源经济技术开发区管委会因建设需要,征用孟桥社区居民委员会耕地 9.37 公顷,其中刘亮所在村民小组被征用 3.36 公顷,获赔土地补偿费、安置补助费 218 万余元。居委会在对刘亮所在村民小组的该笔土地款分配时,按 1994 年承包土地人口平均分配,每一承包人口分得 1.22 万元,刘亮因在 1994 年土地承包调整时尚未出生未获分配。刘亮为索要征地补偿费愤而将居委会告上法庭。

孟桥社区居民委员会辩称,该笔土地款的分配是四组代表和群众研究分配的,居民委员会没拿意见,是村民自治,与居民委员会无关。征地时县国土局、江苏省能源经济技术开发区在计算土劳比时是按 1994 年承包土地人口计算的,不是按集体经济组织所有成员计算的。安置补助费是对被征用土地的使用者或承包经营

者给予的安置，对新增人员不予考虑；土地补偿费是对土地所有人或使用者对被征用土地的投入和收益造成的损失的补偿。刘亮不应享有该款的分配。

2004年6月30日，江苏省沛县人民法院审结此案，判令江苏省能源经济技术开发区孟桥社区居民委员会给付刘亮土地补偿费、安置补助费1.21万余元。

【法理分析】　这是一起土地分配补偿纠纷案件。农村集体土地所有权属农村集体所有，即属于具有农村集体经济组织的全体成员共同所有，征用农村集体土地，必然导致土地所有权的变更，使该组织的每个成员丧失土地所有权，由此所获得的补偿，应归全体成员共同享有。土地补偿费、安置补助费是对被征用土地给予的补偿，属集体经济组织共有财产。刘亮系江苏省能源经济技术开发区孟桥社区居民委员会四组村民，是四组成员之一，虽然没有承包土地，但其作为集体经济组织的一员应当享有平等分配的权利。村民的自治权不能对抗公民的生存权和财产权，对刘亮要求居委会给付征地款的诉讼请求，法院予以支持是正确的。

（五）被征土地农民的安置途径

1. 农业生产安置　征收城市规划区外的农民集体土地，应当通过利用农村集体机动地、承包农户自愿交回的承包地、承包地流转和土地开发整理新增加的耕地等，优先使被征地农民有必要的耕作土地，继续从事农业生产。

2. 重新择业安置　应当积极创造条件，向被征地农民提供免费的劳动技能培训，安排相应的工作岗位。在同等条件下，用地单位应优先吸收被征地农民就业。征收城市规划区内的农民集体土地，应当将因征地而导致无地的农民纳入城镇就业体系，并建立社会保障制度。

3. 入股分红安置　对有长期稳定收益的项目用地，在农户自

愿的前提下，被征地农村集体经济组织经与用地单位协商，可以以征地补偿安置费用入股，或以经批准的建设用地土地使用权作价入股。农村集体经济组织和农户通过合同约定以优先股的方式获取收益。

4. 异地移民安置　本地区确实无法为因征地而导致无地的农民提供基本生产生活条件的，在充分征求被征地农村集体经济组织和农户意见的前提下，可由政府统一组织，实行异地移民安置。

八、农村宅基地管理规定

(一)农村宅基地实行一户一宅制度

农村实行“一户一宅”的法律规定，农村村民一户只能拥有一处宅基地，面积不得超过省(自治区、直辖市)规定的标准。农村村民将原有住房出卖、出租或赠与他人后，再申请宅基地的，不得批准。

(二)城镇居民不得购买农村房产

国务院办公厅1999年发布的《关于加强土地转让管理严禁土地炒卖的通知》规定：“农村的住宅不得向城市居民出售，也不得批准城市居民在农民集体土地建住宅，有关部门不得违法为建造和购买的住宅发放土地使用证和房产证。”《国务院关于深化改革严格土地管理的决定》第十条规定：“改革和完善宅基地审批制度，加强农村宅基地管理，禁止城镇居民在农村购置宅基地。”这一规定意味着城镇居民以后将不得在农村购买宅基地，如有这种购买行为，将因违反行政法规禁止性规定而导致无效。

举案说法　城镇居民购买村民住宅无效

【案情简介】 1991 年 4 月，北京市××区居民甲与邻乡农民乙签订协议书，约定：乙将北房两间、门楼一个卖与甲，房价 1 万元，双方签字立据，不得反悔。甲随后支付了房款 1 万元，乙将两间房屋及《乡政府审核批给社员建房户施工许可证》原件一并交与甲，双方未办理房屋过户登记手续及宅基地权属变更登记手续。1995 年乙病故。2004 年 8 月，乙妻向海淀法院提起诉讼，请求法院判令甲、乙双方签订的房屋买卖合同无效，理由是：乙当年在原告不知情的情况下将房屋卖与甲，原告一直认为该房屋只是借给甲使用。2003 年原告找到甲要求腾房，甲说房子是其购买的，但未向原告出示任何手续。原告认为，甲乙双方的房屋买卖行为违反有关规定且未办理相关手续，故请求法院判令买卖合同无效。

另据查，该地区因房地产开发原因即将面临拆迁，被拆迁人可以获得数十万元的拆迁补偿款。

××区法院审理后认为，根据《中华人民共和国土地管理法》的规定："集体所有的土地依照法律规定属于农村集体所有。""依法改变土地的所有权或者使用权的，必须办理土地权属变更登记手续，变更证书。""农村居民建住宅，使用原有的宅基地、村内空闲地和其他土地的，由乡级人民政府批准。"甲与乙买卖房屋的行为，未经有关部门批准，双方所签订的买卖房屋的协议书无效。依据《中华人民共和国民法通则》第五十八条第一款第（五）项的规定，判决：甲与乙 1991 年 4 月签订的买卖房屋的协议书无效。

【法理分析】 这是一起城镇居民购买农村村民房屋被认定无效的典型案件。本案城镇居民甲购买村民乙住房的行为违反了行政法规的禁止性规定，属无效行为。加之房屋买卖并未办理过户手续，况且即使到相关部门办理过户手续，相关部门也不会受理。因此法院依法认定甲乙所签协议无效是正确的。

九、农民购买生产资料的注意事项及维权

(一)农民购买种子应注意的事项

1. 注意经营者是否具备“四证”　所谓“四证”分别指种子经营许可证、营业执照、种子生产许可证、植物检疫合格证。种子经营许可证、营业执照是经销商必须具备的经营证件。生产商的种子经营许可证号、种子生产许可证、植物检疫合格证往往在种子包装袋的标签上注明。这“四证”俱全才说明经营的种子渠道合法。

2. 要注意查看种子标签　标签是对种子基本情况的一种说明,它不同于种子性状说明书。一般要求标签的内容应该包括作物种类、品种名称、产种期、生产地点、质量指标、生产单位及生产单位地址、电话、联系人和种子经营许可证号、种子生产许可证号、种子田间检疫证号等。质量指标栏中要包括纯度、净度、发芽率、水分 4 项指标。

3. 注意查看种子质量　看种子大小是否整齐一致。如果同一品种中既有大粒又有小粒,既有长粒又有圆粒,明显说明种子纯度不够。查看是否有霉变粒、虫食粒。用牙咬一下种子便可知它的含水量如何。

4. 注意查看种子说明书　看所要购的种子生育期及所需积温是否符合自己所欲种植的地区,看它的特性是否适应自己的地块(如岗地、涝洼地、肥地、瘠薄地等),看它的产量指标密度、施肥方法等,以便掌握特性,用最佳的管理实现最高的产量。

5. 注意查看种子的生产日期　国家规定种子的生产日期是指种子的收获日期,标签上应该标明年、月。购种者一要看标签上标明的生产日期,二要与同一品种的不同经营者比较。一般当年生产的种子表面光亮,而陈种子表面则暗淡无光,且能发现虫食

粒。陈种子往往发芽率和发芽势降低，影响出苗数量和整齐度。

6. 注意索要发票并保管好 发票及种子袋发货票和种子袋是购买种子的证明，是农民保护自己合法权益的最有利的证据。万一由于种子质量发生问题，便可用它们做证据去索赔。农民朋友购种后至少应把发票和种子袋保管一个生产周期。

（二）种子质量纠纷搜集证据时应注意的事项

1. 购买种子时要索要发票或收据 发票上应注明购买的种子名称、数量，销售商应在发票或收据上签字盖章。

2. 对购进的种子应由买卖双方取小样封存 封存的种子小样在一旦发生种子事故造成损害时，可以作为直接的鉴定依据。

3. 种子播种后要保留好种子的包装袋 购种发票和包装袋至少要保留一个生产周期。

4. 发生损害及时申请田间鉴定 发现受损害的征兆应及时确定，并请农业部门的农业事故专家鉴定委员会及执法机构进行鉴定，用现场勘验、摄影、取样等方法保留证据。

5. 及时投诉 一旦发生损害，供购种双方可自行协商赔偿，协商不成应及时向农业行政执法部门投诉，以免耽误时效和取证时间。

举案说法　种子质量不合格，影响瓜农产品质量要赔偿

【案情简介】 2003 年 12 月 1 日，广西大壮科技有限公司委托北海市银海区福成镇高岗农场的李某销售其研究、生产、包装的"大壮新一号"西瓜种子。同年 12 月 13 日至翌年 1 月 12 日，崔某、王某等 18 名瓜农陆续从李某处购买该西瓜种子，共播种西瓜 9.43 公顷。起初瓜农对种植的西瓜进行精心护理，瓜苗长势良好。到了种植后期，瓜农发现部分西瓜果实与种子包装的说明及图片不符，便将相关情况告知李某。李某向大壮公司通报情况后，

大壮公司派出业务人员实地察看处理，但是未能解决问题。

2004 年 5 月 18 日，李某代表瓜农向北海市种子管理站书面提出申请，要求对该批西瓜品种进行种子质量鉴定。北海市种子管理站当天即组织北海市农业技术推广站、北海市植保植检站、合浦县农业技术推广站的有关专家到瓜地现场作抽样调查。根据调查结果分析，大壮公司自定生产编号为 3349 的 6.53 公顷（抽样调查）西瓜种“大壮新一号”与 2003016 号“大壮新一号”所描述的特征特性与包装上的说明和图片的颜色不相符，不是“大壮新一号”品种，而是其他品种的西瓜种；编号为 3363 的 1.77 公顷（抽样调查）的“大壮新一号”西瓜种为劣种。

2004 年 7 月，因伪劣种子遭受损失的 18 名瓜农向北海市银海区法院起诉，要求大壮公司赔偿经济损失。法院一审判决大壮公司向 18 名瓜农赔偿经济损失 553.57 元至 13 739.4 元不等，赔偿总额为 88 237.69 元。2005 年 1 月 6 日，大壮公司不服一审判决，提起上诉。6 月 10 日，广西北海市中级人民法院对崔某、王某等 18 位农民诉广西大壮科技有限公司财产损害赔偿纠纷系列案进行宣判，维持一审判决。

【法理分析】　这是一起典型的种子质量纠纷案件。在种子发生质量问题时，农户要及时与销售商取得联系并进行交涉，与此同时应及时按农业部《农作物种子质量纠纷田间现场鉴定办法》规定的程序申请鉴定，以便将来作为索赔的依据。本案中，瓜农由于通过正确的渠道和程序寻求解决途径，所以纠纷最终得到圆满解决，维护了自身合法权益。

（三）种子质量纠纷赔偿范围

《种子法》第四十一条规定：“种子使用者因种子质量问题遭受损失的，出售种子的经营者应当予以赔偿，赔偿额包括购种价款、有关费用和可得利益损失。”

1. 购种价款 即购买种子的费用。

2. 有关费用 指因种子质量纠纷申请鉴定的费用，索赔所花费的路费等。

3. 可得利益损失 按照纠纷品种在当地前3年平均产量与物价部门认定的当年该品种农产品价格进行计算。没有该品种前3年相关平均产量，可以比照同类其他品种确定。

(四)购买使用化肥、农药、农机等农业生产资料的注意事项

农村消费者在购买农资产品如化肥、农药时，要注意以下几点。

第一，验经营者的有关证照要齐全。包括营业执照、质量合格证、农资经营许可证和质量检验报告。

第二，选购农资产品时要仔细查看包装是否规范，标签是否完整，有无合格证。农药和肥料产品包装标签必须载明：①产品名称、通用名；②登记证号；③生产许可证号或批准文件号；④产品标准代号；⑤产品有效成分的名称、含量及净重量(或容量)；⑥生产日期、有效期；⑦生产商名称、地址和联系方式。不要购买包装破损、标识不清或不全的农资产品。

第三，购买各种农资产品一定要索取发票等相关购买凭证。

第四，使用前要认真阅读化肥、农药等农资产品的使用说明书，弄清适用范围和禁用事项以及正确的使用方法。

举案说法 购买农机未要发票，千元血汗钱“打水漂”

【案情简介】 2004年7月上旬，湖南省宁乡县三位农民为“双抢”，在“马路”市场一流动支农售货车上，花1 100多元，买了一台BH 175 (6马力，即4.41千瓦)柴油机，没开发票，抬起就走了。使用10天左右，柴油机气缸盖出现裂纹损坏，或处于“休克”状态，无法作业，成了坑农的“死机”。三位农民多次按厂家“三包”

的承诺要求修理更换或退货，因无购机发票及“三包”凭证，遭到厂家拒绝，说什么“嫁出的女，泼出的水，与我无关”等等。三位农民1 100多元“打了水漂”。

【法理分析】　这三位农民吃亏就吃在不开发票的问题上。当前，在农村乡镇农机具拥有者和“马路”市场农机配件经销者，90%以上都是个体户。所以在农机商品交易中，一般个体农民或联户购买使用者，不要报销，只讲“便宜”，认为有无发票无关紧要。可是一旦农户买了假冒伪劣农机产品，便会因无发票，空口无凭，置于投诉无“路”，“三包”无门的境地。因此，购物时一定要注意索要发票或销售凭证。另外，最好到正规的销售单位购买大件农资产品，如农机等。

第五章 城郊农民维护合法经济权益的途径

在城郊农民的合法经济权益已经遭到现实侵害的情况下，他们应当依据侵害行为的性质选择不同的救济途径来纠正违法行为，并最终获得补偿。城郊农民维护合法经济权益的主要途径有：人民调解、信访、行政复议和行政诉讼、民事诉讼。

一、通过人民调解来维护合法权益

人民调解是指由人民调解委员会依据相关的法律规定对纠纷所进行的调解活动。人民调解的调解员是经人民群众选举产生，并由具有国家有关调解政策法律知识的人担任，调解的民间纠纷是人民内部矛盾，调解的目的是平息人民群众之间的纷争，增强人民内部团结，维护社会稳定。人民调解坚持平等自愿的原则，不强行调解，调解的方法主要是说服教育、耐心疏导、民主协商。因此，城郊农民通过人民调解的方式解决与他人的经济利益纷争可以避免矛盾激化，不伤邻里乡亲的和气。

(一)人民调解委员会可以受理的纠纷

人民调解委员会是基层的群众性自治组织，在城郊农村它是设在村民委员会。人民调解委员会由委员 3 人以上组成，没有上限的规定。

根据《人民调解委员会组织条例》的规定，人民调解委员会的首要任务是调解民间纠纷。《人民调解工作若干规定》进一步明确了民间纠纷的范围。该法律文件规定：“人民调解委员会调解民间

纠纷，包括发生在公民与公民之间、公民与法人和其他社会组织之间涉及民事权利义务争议的各种纠纷。”涉及到城郊农民的纠纷十分广泛，如农村土地承包过程中产生的纠纷问题、生产经营中的纠纷、交易中的合同纠纷等等。

但是，人民调解委员会不得受理调解下列纠纷：①法律、法规规定只能由专门机关管辖处理的纠纷，或者法律、法规禁止采用民间调解方式解决的纠纷；②人民法院、公安机关或者其他行政机关已受理或已解决的纠纷。

(二)人民调解委员会的管辖

通俗地说，人民调解委员会的管辖就是由哪个人民调解委员会来处理某个特定的纠纷。

1. 人民调解委员会管辖的一般原则　人民调解委员会的管辖一般以纠纷当事人的住所地或纠纷的发生地为标准来进行划分。在出现当事人的住所地和纠纷发生地不在同一地区，涉及到数个、数方当事人等复杂情况时，要由双方或多方当事人协商，有时候还需要两个或者多个调解委员会共同协商，本着有利丁纠纷调解的原则来确定管辖权或由有管辖权的调解委员会共同调解。

2. 人民调解委员会的级别管辖　近年来，人民调解组织已由单一的结构形式发展成为三级结构形式，即人民调解小组、人民调解委员会和人民调解领导小组、调解办公室或人民联合调解委员会。比较复杂的纠纷可以交给上一级的调解组织处理；对管辖不明确的纠纷，也可由上一级调解组织指定某一调解组织处理。

3. 人民调解委员会的地域管辖　一般而言，人民调解委员会地域管辖划分的依据是：人民调解委员会的活动区域范围；当事人的户籍所在地或居所所在地；纠纷的标的所在地。

(1)人民调解的一般地域管辖　所谓人民调解的一般地域管辖，又称普通地域管辖，是指以被申请调解人的所在地为标准来确定调解组织。被申请调解人的所在地是指被申请调解人的户籍所在地或者居所地。户籍所在地与居住所在地不一致的,由居所地的人民调解委员会管辖。如果在同一纠纷中,几个被申请调解人的户籍所在地或居所地分布在两个以上调解委员会管辖地,各该人民调解委员会都有管辖权。

人民调解委员会调解民间纠纷时,一般由被申请调解人所在地的调解组织受理,但也有例外:一是当地农民申请调解与非当地居民发生的纠纷,可以由当地调解组织调解;二是双方当事人均不同意由被申请人所在地调解组织调解,而一致同意由申请人所在地调解组织调解的,申请人所在地的调解组织应予受理。

(2)人民调解的特殊地域管辖　特殊的地域管辖是以纠纷的发生地、履行地、结果地或者财产所在地来确定管辖权的。特殊地域管辖主要有:①因合同发生纠纷,由合同履行地或者合同签订地人民调解组织管辖。②因侵权行为发生的纠纷,由侵权行为地的调解组织管辖,包括侵权行为的发生地和结果地。如果侵权行为涉及到几个调解组织辖区的,这几个调解组织都有管辖权。③因争执不动产发生的纠纷,由不动产所在地的人民调解组织管辖。

(三)人民调解协议及其效力

人民调解协议是指发生民事纠纷的当事人双方在第三方人民调解委员会的主持下,本着平等、自愿的原则,为解决民事纠纷而达成的具有民事权利义务内容,并由当事人双方签字或盖章的书面协议。

人民调解协议应当载明下列事项:①双方当事人基本情况;②纠纷的简要事实、争议事项及双方责任;③双方当事人的权利和义务;④履行协议的方式、地点、期限;⑤当事人签名或盖章,调解主持人签名或盖章,人民调解委员会加盖印章。

调解协议制作完成后，由当事人各执一份，人民调解委员会留存一份。以民事权利义务为内容的人民调解协议具有民事合同的性质，当事人必须履行人民调解协议确定的义务。

二、信访机构及其受理范围

信访是指采用书信、电话、走访等形式，向各级机关反映情况，提出意见、建议和要求的活动。信访是人民群众充分表达自己的愿望和要求、实现当家作主权利的一项制度。通过信访可以反映自己权利遭到侵害的事实，因此信访是现阶段城郊农民维护合法经济权益的一条有效途径。

为了有效开展信访工作，国家设立了层级不同的信访机构，城郊农民在从事信访活动时应首先了解信访机构的设置和它们的受理范围。

（一）国家信访局负责受理的信访事项

第一，国家信访局负责处理国内人民群众和境外人士给中央、国务院的来信，及时接待信访人的来访，保证信访渠道的通畅；及时向中央、国务院领导反映群众来信来访中提出的重要建议、意见和问题；综合分析各种信访信息，对有关问题进行调查研究，提出制定相关方针、政策的建议。

第二，承办中央、国务院和中共中央办公厅、国务院办公厅领导交办的信访事项，督促和检查领导同志有关批示的落实情况；对于不属于国家信访局受理的信访事项，交给地方信访局或其他部门办理，督促和检查重要信访事项的处理和落实。

第三，协调处理跨省、地区、跨部门的重要信访问题；协调处理群众集体到北京上访的事件和异常、突发的信访事件；检查、协调中央党、政、军各部门信访工作和地方党、政机关的信访工作。

(二)公安机关信访机构负责受理的信访事项

第一,检举、揭发危害国家安全的活动、刑事犯罪和治安问题。

第二,反映公安干警违法乱纪问题。

第三,反映交通事故、户口管理、因私出入境问题。

第四,不服拘留、收容审查、劳动教养、治安管理处罚问题。

第五,外国人要求在中国定居的问题。

第六,依法应由公安机关受理的其他问题。

(三)人民法院信访部门负责受理的信访事项

第一,不服已经生效的案件判决、裁定或调解处理的申诉和依法应由法院受理的有关告诉的问题。

第二,已经撤销原判、宣判无罪人员和免予刑事处分人员的善后处理问题。

人民法院受理的信访事项中涉及城郊农民经济权益的主要是民事、行政等方面的案件。

(四)人民检察院信访部门负责受理的信访事项

第一,不服逮捕、公诉或免予起诉的问题。

第二,检举控告贪污、侵犯公民民主权利、渎职等属于检察机关管辖的问题。

第三,反映检察机关和干警违法乱纪的问题。

第四,不服最高人民法院的判决或裁定的信访问题,由最高人民检察院负责处理。

(五)司法行政机关信访机构负责受理的信访事项

第一,控告、揭发、举报司法行政部门干部、职工的违法违纪问题。

第二，控告、揭发、举报司法行政干警在执行职务方面的问题。

第三，反映人民调解委员会的成员在调解民间纠纷中的违法乱纪问题。

（六）国家工商行政管理机关信访机构负责受理的信访事项

国家工商行政管理机关信访部门负责处理有关国内法人之间和城乡个体经营户、农民和法人之间经济合同的纠纷仲裁等方面的问题，城乡市场的监督、管理、查处违法经营、个体工商户的管理等问题。

（七）农业部门信访机构负责受理的信访事项

农业部门信访机构负责处理有关农村经济政策和农、牧、渔、副业生产和农村乡镇企业等方面的问题，农村村民与村集体之间的房产、水面和农村承包合同纠纷等问题。

（八）国家土地管理部门信访机构负责受理的信访事项

国家土地管理部门负责处理有关国家的土地法律、法规和政策的贯彻执行问题，土地的征用和划拨、土地利用总体规划、土地所有权和使用权的争议、违法占地以及土地有偿转让等问题。

（九）林业部门信访机构负责受理的信访事项

林业部门信访机构负责处理有关林业政策、林业纠纷方面的问题。

（十）水利部门信访机构负责受理的信访事项

水利部门信访机构负责处理有关水利纠纷和水库移民安置等方面的问题。

(十一)建设部门信访机构负责受理的信访事项

建设部门信访机构负责处理有关城乡建设规划、城镇房屋的管理问题，房屋政策问题，乡镇、工矿区住宅的规划和私房改造遗留问题。

(十二)科委信访机构负责受理的信访事项

科委信访机构负责处理有关科技发展的方针政策、科技法规、科技规划、科技成果的利用和管理问题，科技成果的奖励、纠纷等方面的问题。

(十三)环境保护部门信访机构负责受理的信访事项

环境保护部门信访机构负责处理有关城乡环境保护、环境污染以及由此产生的有关纠纷。

(十四)卫生部门信访机构负责受理的信访事项

卫生部门信访机构负责处理有关医疗事故的鉴定和医疗纠纷问题，麻风病、传染病的防治、职业病的诊断标准和防治工作，农村卫生院的业务管理和个体开业行医等问题。

三、城郊农民信访过程中的权利和义务

信访是维权的有效途径。为了更有效地维护自己的合法经济权益，城郊农民在从事信访活动的时候要明确自己享有哪些不容剥夺的权利。同时，信访人履行一定的义务也是信访活动顺利进行的保障，因此城郊农民也应了解自己所应承担的义务。

(一)信访活动中享有的权利

1. 选择信访方式的权利　城郊农民有权选择适当的方式进行信访。信访的具体方式有如下几种。

(1)*书信方式*　书信方式是信访人把书信邮寄到有关机关,或者递交给有关机关的工作人员,或者在条件允许的情况下把书信以电子邮件的方式发给有关机关。采用这种方式,信访人应在书信中署名,以便于信访机构及时进行处理。

(2)*电话方式*　信访人有权通过打电话来反映情况。电话方式是一种直接、便利的信访方式,但是对方对谈话内容的记录有时不会像书信那样清晰完整。信访人通过电话反映的问题如果涉及到具体的人和事,也应该留下真实姓名,以利于所反映问题的迅速处理。

(3)*走访方式*　走访也称为上访,就是信访人本人亲自到信访机构介绍情况、反映问题、提出意见和要求。这是一种最直接的信访方式,有机会面对面地沟通,有的放矢地反映问题。但是,有时候走访需要等待的时间比较长,也不可能在走访时就立刻获得处理结果。另外,在走访的人数比较多的情况下容易引起秩序混乱,甚至有可能被他人利用达到不可告人的目的。

2. 信访活动中安全受保障的权利　我国相关法律明确规定,任何组织和个人不得对信访人压制、打击报复或迫害。这条规定主要是约束信访人所申诉、检举和控告的单位和个人,如果他们对信访人进行压制、打击报复或迫害的话,也被追究相应的法律责任。

另外,信访机构的工作人员在处理信访问题时负有对信访的内容保守秘密的义务,不得把信访人反映的情况透露给被申诉、检举和控告的单位和人员,以保障信访人的安全。

3. 要求信访机构妥善处理的权利　信访人反映情况后,有权要求有关机关反馈处理意见。信访机构接受信访后，对于本机关应当或者依照职权有权处理的事项，应当直接办理，提出处理意见；对于应当由上级机关做出处理决定的事项，应当及时报送上级行政机关；对于依法应当由其他行政机关处理的事项，应当及时转送、转交其他机关办理。信访事项应当在规定时间内办理完毕，并根据情况将办理结果答复信访人。

4. 申请进行复查的权利 如果信访人对信访机构的处理决定不服，除可以依法申请复议或者提起行政诉讼外，还可以请求原来办理该信访事项的机关复查，也可以在收到处理决定书或者复查意见书后请求上一级机关进行复查。

(二)信访过程中应承担的义务

1. 根据信访机构的受理范围和信访机构的级别信访的义务 信访人应当在了解信访机构受理的信访事项范围的基础上，根据所要反映的问题的性质，选择向公安、司法、土地、农业、林业、环境、卫生等部门的信访机构提出信访请求。当信访人提出信访要求的事项不属于该信访机构的受理范围时，该信访机构有权将该事项转交给有权处理的信访机构，信访人不得拒绝。

国家信访局《关于推行群众逐级上访和分级受理制度的几点意见》明确指出：除应当通过诉讼、行政复议、仲裁或其他法律处理程序另有规定的情况、提出咨询和建议的情况、检举或揭发重要问题和反映重大紧急问题的情况或其他必须及时处理的情况以外，原则上对于群众上访应按照逐级上访和分级受理的程序办理。因此，信访人提出信访请求应当逐级进行，也就是首先应向有权处理该信访事项的基层信访机构提出请求，对于该机构的处理意见不服的，再向上一级机关提出复查要求。

2. 信访人如实反映问题的义务 信访人无论是提出意见、建议和要求，还是申诉、检举和控告，都应当尊重客观事实，如实反映

情况，不得捏造事实，不得歪曲真相。如果信访人抱着诬告、陷害的目的进行所谓的信访的话，不但达不到维权的目的，反而会被追究法律责任。

3. 信访过程中维护秩序的义务　如果针对同一个问题的信访人人数众多，最好采用书信、电话等信访方式进行。如果信访人一定要采用走访的形式，应当推选代表进行走访，代表人数不得超过5人，以免因人数太多引起秩序混乱。信访人以走访的方式进行信访的，应当到信访机构指定场所提出信访要求，不得到其他场所任意发表所谓的信访意见。

信访人不得影响国家机关的工作秩序，不得损坏接待场所的公共财物，不得纠缠、侮辱、威胁、殴打工作人员，不得携带危险品、爆炸品以及管制器械进入接待场所，更不得围堵、冲击国家机关或拦截公务车辆。否则，信访人不但难以达到通过信访维权的目的，还要承担民事、行政甚至刑事责任。

四、通过行政复议来维护合法权益

行政复议是上一级行政机关对发生在行政主体和行政相对人之间的争议进行居中裁判的一种行政司法行为。城郊农民在经济活动中往往要与有关的行政机关打交道，在合法权益遭到行政机关的侵害时，城郊农民可以通过行政复议来维护自己的合法权益。例如，城郊农民对某行政机关的行政处罚、行政强制执行、行政许可行为不服，就可以向作出该行为的行政机关的上一级行政机关或者法律授权的组织提出申请，由受理申请的行政机关对该行为进行复查并作出决定。

行政复议是在行政系统内部解决行政争议的制度，是上一级行政机关对发生在行政机关和被管理人之间的争议进行居中裁判的行为。需要注意的是，行政复议与行政诉讼有着密切的关系。

法律法规一般都规定权益受到侵害的人可以首先选择复议，如果不服复议决定还可以再向法院提起行政诉讼。有的法律规定可以在二者之间选择其一，选择复议之后就不得再向法院提起行政诉讼。有的法律规定必须先申请复议然后才能提起诉讼，也有的法律规定只能申请复议不能提起诉讼。

城郊农民可以申请行政复议的案件主要包括以下几种。

（一）行政处罚案件

行政处罚案件是指对行政机关作出的警告、罚款、没收违法所得、没收非法财物、责令停产停业、暂扣或者吊销许可证、暂扣或者吊销执照和行政拘留等行政处罚决定不服而提起的行政复议案件。

（二）行政强制措施案件

行政强制措施案件是指对行政机关作出的限制人身自由或者查封、扣押、冻结财产等行政强制措施决定不服而提起的行政复议案件。

（三）行政许可案件

行政许可案件是指对行政机关作出的有关许可证、执照、资格证、资质证等证书变更、中止、撤销的决定不服而提起的行政复议案件。

（四）行政确权案件

行政确权案件是指对行政机关作出的关于确认土地、矿藏、水流、森林、山岭、草原、荒地、滩涂、海域等自然资源所有权、使用权的决定不服而提起的行政复议案件。

(五)侵犯法定经营自主权案件

侵犯法定经营自主权案件是指公民、法人或者其他组织认为行政机关侵犯合法的经营自主权而提起的行政复议案件。

(六)农业承包合同案件

农业承包合同案件是指认为行政机关变更或者废止农业承包合同侵犯其合法权益而提起的行政复议案件。

(七)违法要求履行义务案件

违法要求履行义务案件是指认为行政机关违法集资、征收财物、摊派费用或者违法要求履行其他义务而提起的行政复议案件。

(八)不履行法定职责案件

不履行法定职责案件是指申请行政机关履行保护财产权利等权利的法定职责,行政机关没有依法履行而提起的行政复议案件。

举案说法　不服土地调整可以申请行政复议

【案情简介】　某村第六村民小组与第七村民小组原为村第三生产队,1980 年分为第三、第七小队,1992 年变更为村第六、第七村民组。1992 年两组人口发展不平衡,经镇政府决定,第六村民组调划给七组 1.43 公顷耕地。至 2000 年两组人口发展再度出现不平衡,第七村民组提出按两组平均人口调整土地的要求,镇政府作出第六村民组和第七村民组按总人口调整土地的决定。第六村民组不服,申请县人民政府进行行政复议。

【法理分析】　第六村民组有权申请县人民政府对镇人民政府的处理决定进行行政复议。根据《行政复议法》,公民、法人或者其他组织认为行政机关的具体行政行为侵犯其已依法取得的土地、矿藏、水流、森林、山岭、草原、荒地、滩涂、海域等自然资源的所有权或者使用权的，应当先申请行政复议；对行政复议决定不服的，可以依法向人民法院提起行政诉讼。该法还规定，行政复议机关应当自受理申请之日起60日内作出行政复议决定；但是法律规定的行政复议期限少于60日的除外。情况复杂，不能在规定期限内作出行政复议决定的，经行政复议机关的负责人批准，可以适当延长，并告知申请人和被申请人；但是延长期限最多不超过30日。

县人民政府应当依据上述规定在60日内作出行政复议决定，撤销镇人民政府的行政处理决定。

五、哪些情况下可以提起行政诉讼

行政诉讼是指人民法院基于公民、法人或其他组织的请求，对行政机关具体行政行为的合法性进行审查并作出裁决，解决行政争议的诉讼活动。行政诉讼就是我们通常所说的“民告官”。

行政机关可以直接命令作为被管理者的公民、法人和其他组织作出一定的行为或不允许其作出一定的行为，还可以通过行政处罚、行政强制执行等手段迫使公民、法人和其他组织履行义务。在国家行政机关作出的具体行政行为侵犯了城郊农民的合法经济权益的时候，城郊农民有权向人民法院提起诉讼，要求行政机关改变错误的决定，赔偿自己的损失。

城郊农民在以下几种情况下可以提起行政诉讼。

第一，对行政机关所作的拘留、罚款、吊销许可证和执照、责令停产停业、没收财物等行政处罚不服的。

行政处罚是国家行政机关或法律法规授权的组织对违反行政管理的公民、法人或其他组织给予的一种制裁。吊销许可证和执照、责令停产停业、没收财物等涉及到城郊农民的经营行为，错误的处罚决定会严重损害城郊农民的合法权益。对这些行政处罚措

施不服，城郊农民可以提起行政诉讼。

第二，对限制人身自由或者对财产的查封、扣押、冻结等行政强制措施不服的。

限制人身自由的强制措施主要有：强制扣留、强制治疗、强制戒毒、强制隔离、强制传唤和收容教养等。限制财产的强制措施主要有：查封、扣押、冻结、强行拆除、强制销毁等。城郊农民在经济活动中被采取的强制措施主要是限制财产的措施。

第三，认为行政机关侵犯法律规定的经营自主权的。

经营自主权是指企业和其他经济组织享有的依据自己的经营决策自主地使用人力、物力和财力以及自由决定产、供、销等各个环节的权利。行政机关用行政手段限制或者剥夺了城郊农民的经营自主权的，他们可以提起行政诉讼。

第四，认为符合法定条件申请行政机关颁发许可证和执照，行政机关拒绝颁发或者不予答复的。

许可证是指法律、法规、规章规定的应当由主管机关根据公民、法人或者其他组织的请求核发的证书、批准书等，例如发放卫生许可证等。执照是指公民、法人或者其他组织在申请登记从事经营或其他经营活动时，主管行政机关依法审核后发给的证件，例如发放营业执照等。如果城郊农民符合申请许可证和执照的条件，而行政机关拒绝颁发或者拖延不发，那么城郊农民就可以向法院起诉，要求判决行政机关作出决定。

第五，申请行政机关履行保护人身权、财产权的法定职责，行政机关拒绝履行或不予答复的。

对城郊农民经济活动的行政诉讼而言，请求行政机关保护其财产权的情况更多见。例如，城郊农民的商标权或专利权受到侵害时，有权请求特定的行政机关制止这种侵害。如果这些机关拒绝履行保护职责或者沉默拖延，那么城郊农民就可以向人民法院提起诉讼。

第六，认为行政机关违法要求履行义务的。

法律、法规可以为公民、法人和其他组织设定行政法上的义务，例如，纳税义务、缴费义务、提供劳务的义务等等。对这些法定义务，公民、法人和其他组织必须履行。但是，除了这些法定的义务外，行政机关不得要求城郊农民履行额外的义务。被农民所痛恨的乱收费、乱罚款、乱摊派就是典型的行政机关违法要求履行义务。对于这种严重侵害城郊农民合法权益的行为，他们有权提起行政诉讼。

第七，认为行政机关侵犯其他人身权、财产权的。

除了上述情况外，只要是行政机关侵犯城郊农民人身权、财产权的，城郊农民都可以提起行政诉讼。

举案说法　矿管部门滥用职权，行政处罚决定被撤销

【案情简介】　甲煤矿是村办企业，与某国营煤矿毗邻。甲煤矿在开采过程中，越界开采，侵入到国营煤矿的开采范围。该县矿管部门在查明事实后，依据《矿产资源法》等法律法规对甲煤矿作出了罚款10万元的行政处罚。甲煤矿在规定的期限内缴纳了罚款。不久，该县矿管部门新建办公大楼，向辖区内矿山企业摊派集资，甲煤矿拒绝交纳集资款。1个月后，矿管部门以原处罚太轻为由重新作出行政处罚决定，将罚款10万元改为20万元。甲煤矿认为，行政机关出于报复的目的而变更处罚，于是向法院提起行政诉讼。

【法理分析】　本案涉及行政机关变更处罚决定的性质的认定。行政机关作出的具体行政行为，虽然在表面上没有突破法律规定的范围、标准、界限，但是该具体行政行为反复无常，属于滥用职权。滥用职权有许多表现形式，如不正当的目的、不正当的考虑、不正当的事实认定、显失公平等，只要属于其中一种情形即可依据行政诉讼法的规定判决撤销。本案的变更处罚决定属于受到

不正当目的支配的行政处罚。不正当的目的指的是行政主体作出行政行为时的动机违反公共利益或背离法律授权的特定目的。这些动机主要包括牟利、徇私、报复、满足虚荣心等。

因此，法院应认定矿管部门的变更处罚决定是滥用职权，应判决撤销第二个行政处罚决定。

六、城郊农民提起行政诉讼应注意的几个问题

(一)城郊农民无须证明行政机关的行为是错误的

城郊农民状告行政机关，如果该机关不承认侵害了城郊农民的合法权益怎么办？这是一个让人头痛的问题。因为城郊农民处于被管理的地位，无论是知识水平、专业水准，还是人力物力，都远远不及行政机关，让城郊农民证明行政机关的错误的确十分困难。

不过，《行政诉讼法》明确规定，由被告也就是行政机关对作出的具体行政行为负举证责任。举证责任，是指法律规定由谁承担提供证据证明案件事实的责任。如果法律规定应当举证的一方当事人拿不出证据时，他就要承担败诉的风险或者对他不利的后果。有了这个法律规定，城郊农民在状告行政机关时就无须证明行政机关的行为是错误的，他只要提供证据证明行政机关侵害其权益的行政行为存在就可以了。例如，行政机关作出某种行政行为时往往会交给城郊农民一些书面的文件，这些书面资料就可以证明该行政行为确实是存在的。相反，行政机关如果要赢官司，就要拿出证据证明它作出的行政行为是正确的，这样就加大了它败诉的风险，而城郊农民赢得官司的机会就更大了。

(二)行政诉讼过程中原则上不可以调解

这里的调解不同于人民调解,而是特指法院调解,它是指在诉讼过程中,由人民法院主持,双方当事人对争议的事项通过自愿协商,本着互谅互让的原则达成协议,使纠纷得以顺利解决。但是,根据《行政诉讼法》,人民法院审理行政案件不适用调解。也就是说,人民法院审理行政案件,只能依法作出裁判。

为什么行政诉讼案件不能进行调解呢?行政诉讼的被告是行政机关,行政机关是代表国家行使行政管理职权的机构,这种职权是通过法定程序赋予的,行政机关只能依法行使该职权而不能放弃,否则就会危害国家的行政管理,损害社会公共利益,也属于违法行为。因此,行政诉讼只能由法院依据事实和法律作出判决。

需要注意的是,行政诉讼不适用调解是原则性规定,某些特定案件中的争议也可以进行调解。一是行政赔偿诉讼可以调解。行政赔偿的前提是行政机关侵害被管理人权益的行为的违法性已经被确认了,而只是赔偿的具体数额存在争议。对于赔偿数额问题是可以通过调解的方式解决的。二是行政附带民事诉讼中的民事部分可以调解。行政诉讼附带民事诉讼是行政诉讼的一种特殊形式,其中所附带的民事诉讼与普通民事诉讼并没有原则区别,既然民事诉讼可以调解,那么附带民事诉讼也可以通过调解来解决。

(三)赢了行政官司后可以申请法院强制执行生效判决

城郊农民打赢了官司后,如果行政机关主动履行了法院的判决,那么城郊农民的权益就得以维护。但是,如果行政机关拒绝履行已经发生法律效力的判决、裁定或赔偿调解书,城郊农民应当如何获得保护呢?

对此问题的最终解决办法就是依法向人民法院申请强制执行。申请人民法院强制执行,管辖的法院就是审理案件的一审人

民法院。城郊农民要向一审法院递交申请执行书和生效的判决、裁定或赔偿调解书。向一审法院申请执行的期限是3个月，从法律文书规定的履行期限最后一日起开始计算；如果法律文书没有规定履行期限，则从法律文书生效之日起计算。

七、城郊农民有权对行政机关及其工作人员侵犯其财产权的行为要求赔偿

这个问题涉及到国家赔偿。国家赔偿是指国家机关及其工作人员违法行使行政、侦查、检察、审判、监狱管理等职权，侵犯公民、法人和其他组织的合法权益并造成损害的，由法律规定的赔偿义务机关对受害人予以赔偿的法律制度。

行政机关及其工作人员违法行使行政职权，有下列侵害城郊农民财产权的行为并造成损害的，城郊农民可以依法要求国家承担赔偿责任。

第一，违法实施罚款.吊销许可证和执照、责令停产停业、没收财产等行政处罚的。

行政机关违法实施罚款、吊销许可证和执照、责令停产停业、没收财产等行政处罚措施会给城郊农民的经济活动造成极大影响。这些违法实施的行政处罚如果给城郊农民造成财产损害的，城郊农民可以要求国家承担返还财产、恢复原状或给予金钱赔偿等责任。

第二，违法对财产采取查封、扣押、冻结等行政强制措施的。

行政机关违反法律、法规的规定对城郊农民的财产采取查封、扣押、冻结、收缴等行政强制措施，使城郊农民的财产权益遭受损害的，城郊农民可以要求国家承担赔偿责任。

第三，违反规定征收财物、摊派费用的。

行政机关有权在其职权范围内向被管理人按照一定的标准和

程序收取财物，例如，税务机关依法征税，环保部门依法征收排污费等。征用财物、收取费用关系到城郊农民的财产权益，如果行政机关违反法律、法规规定的标准、期限、对象向城郊农民征收财物、摊派费用造成其财产损失的，国家要承担赔偿责任。

第四，造成财产损害的其他违法行为。

除了上述几种情况外，行政机关的不依法履行职责的行为、违法进行检查的行为、违法实施行政许可的行为都可能造成城郊农民的财产损失，对此，国家也要承担赔偿责任。

举案说法　违法扣押应给予赔偿

【案情简介】　张某家住城郊，高考落榜后在镇上开办了一家打字复印社，生意还算红火。突然有一天，当地工商局的执法人员声称他印制了违禁物品，要对他进行行政处罚。张某心中清楚，这纯属无中生有，真正的原因是他拒绝了镇政府工作人员的摊派。执法人员不容分说，扣押了张某的电脑、打印机和复印机等设备。张某不服，向工商局索要扣押的设备，却被告知设备已经被变卖折抵罚款了。随后，张某申请进行行政复议，要求撤销工商局的处罚决定，并赔偿损失。

【法理分析】　在本案中，工商局的行政处罚决定是违法的，而且违法处理了扣押的设备，给张某造成了损失。行政机关违反法律、法规的规定采取查封、扣押、冻结、收缴等行政强制措施，使他人的财产权益遭受损害的，受害人可以要求赔偿。因此，复议机关不但应撤销工商局的处罚决定，国家还应给予张某赔偿。

八、提起民事诉讼的条件

通俗地说，民事诉讼就是在法院的主持下解决民事纠纷的活动。民事诉讼采用“不告不理”的原则，如果当事人不把民事纠纷

提交人民法院解决，人民法院不会主动启动民事诉讼程序。因此，城郊农民在合法经济权益受到侵害而寻求法院保护时，应主动提起民事诉讼，这就是我们通常所说的起诉。起诉是民事纠纷的当事人向人民法院要求解决纠纷的行为。起诉必须要满足一定的条件，法院才能受理。

(一)当事人符合要求

民事诉讼的当事人主要是原告和被告。

1. 原告　原告就是提起诉讼的一方当事人。原告是认为在民事争议中权益受到侵害的人，如合同纠纷中的非违约方、土地使用权被剥夺的农民、由于买到假种子而颗粒无收的粮农等等。只有民事权益受到侵害的人才有权决定是不是要求法院解决该民事争议，才具有原告的资格。

2. 被告　与原告相对应的一方当事人是被告。被告就是与原告发生民事争议或者侵犯了原告合法权益的人。被告也与民事纠纷有利害关系，如合同纠纷中的违约方、剥夺农民土地使用权的人、卖给粮农假种子的人等等。与纠纷无关的人不应被列为被告。需要注意的是，在某些情况下被告并不是直接侵害他人权益的人，而是其他人。例如，某运输公司为某城郊农民运输蔬菜，由于司机酒后驾车，车开翻了，蔬菜全部被毁。此时，虽然司机是造成损失的直接责任人，但他只是运输公司的雇员，运输公司是被告。至于运输公司与司机之间的关系，可以在运输公司承担责任后另行解决。

起诉时被告必须是明确的。也就是说原告在起诉时必须明确指出侵害了他的合法权益的人到底是谁。只有被告明确，诉讼才能进行，否则即使人民法院认定原告权益受到了损害，也没有责任的承担者。例如，农民某甲在农贸市场购买了几袋假化肥，但是出售化肥的人却不知去向，在没有明确这个出售人的身份之前，就属

于没有明确的被告。被告不明确，人民法院是不会受理案件的。因此，城郊农民与他人发生民事争议一定要弄清对方的身份。

另外，原告方和被告方都有可能是数人，也就是两个人以上。例如，几个人作为一方与另外几个人签订了合同，如果产生争议，原告一方与被告一方都是数人。在原告是数人时，他们作为共同原告参加诉讼；如果被告是数人，那么他们将被作为共同被告参加诉讼。

(二)提起民事诉讼要有具体的诉讼请求和事实、理由

诉讼请求是原告向人民法院提出的解决争议、保护其权益的具体要求。诉讼请求要具体，是指原告向人民法院提出的确认或保护其民事权益的内容和范围应当明确、具体，也就是清楚、明白地向人民法院提出保护什么权益、支付什么费用等等。诉讼请求具体意味着要求法院保护的范围是明确的，此时人民法院就会根据当事人诉讼请求的内容来审理案件，诉讼请求中没有涉及的问题，法院不会主动考虑。起诉要有事实，是指原告要向人民法院陈述案件中争议的发生、发展过程。起诉要有理由，是指能够说明原告的诉讼请求是应该得到支持的理由。

(三)当事人之间的争议属于民事纠纷

在社会交往中，纠纷时有发生。民事纠纷是发生在平等主体之间的以民事权利义务为内容的社会纠纷。这里的平等主体包括公民、法人和其他组织。民事纠纷包括财产纠纷和人身纠纷。城郊农民在经济活动中的民事纠纷主要是财产纠纷，例如合同争议、所有权、土地使用权和担保纠纷等。只有当事人争议的事项属于民事纠纷才能提起民事诉讼。

(四)不属于应由其他部门解决或者以其他部门先行解决为前提的纠纷

即使当事人之间的纠纷属于民事纠纷,如果当事人之间在起诉之前有生效的仲裁协议,那么当事人不能把争议提交给法院解决。法律法规规定某些案件应当由行政机关解决或者由行政机关先行解决的,法院不能受理。例如,劳动争议案件应当先由劳动仲裁机构先行裁决,当事人对裁决不满的才能向法院起诉。再如,有关土地、矿产等自然资源的所有权或使用权权属的争议,一般由相关的行政机关解决,对行政机关的决定不服,可以把行政机关作为被告提起行政诉讼。

九、由哪家法院受理民事案件

民事诉讼是要求人民法院保护自己的权利,这是城郊农民维护合法经济权益的主要途径。但是,在我国辽阔的地域内分布着众多的层级不同的法院,是否城郊农民可以到任意一个法院起诉呢?当然不是,城郊农民只能依据案件的性质和当事人的所在地等条件确定到某一具体的法院起诉,其他法院是不会受理该案件的。这就涉及到法院的管辖范围问题。在我国,法院的管辖包括以下几种。

(一)级别管辖

级别管辖是不同级别的法院有权受理不同的案件。我国的法院分为 4 个级别,他们分别是区县一级的基层人民法院,市和地区一级的中级人民法院,省、自治区、直辖市一级的高级人民法院和最高人民法院。除最高人民法院外,每一级别的法院都有若干个。根据《民事诉讼法》的规定,我国的级别管辖是以在本辖区有重大影响为依据划分的，但在审判实践中基本上是以诉讼标的额的大小作为划分依据，级别越低受理案件的标的额越小。

（二）地域管辖

前面我们已经了解到，每一级别的法院数量众多，即使城郊农民明确了应当由哪一个级别的法院审理自己的案件，仍然不能确定具体的可以起诉的法院，这属于法院的地域管辖问题。法院的地域管辖可以分为普通地域管辖和特殊地域管辖。

1. 普通地域管辖　普通地域管辖是根据当事人的住所地来确定由哪个法院来受理案件。我国对普通地域管辖规定的原则是"原告就被告"，也就是原告要到被告所在地的法院去起诉。这里的被告所在地可以通过以下标准来确定：①被告是公民的，所在地指住所地，也就是户籍的所在地。如果被告的经常居住地（居住满 1 年的地方）与户籍所在地不一致的，以经常居住地为住所。②被告是法人或其他组织的，所在地指主要办事机构所在地或主要营业地。如果被告是个人合伙或者合伙型联营，由注册地法院管辖；没有注册地，几个被告又不在同一辖区的，几个被告住所地的法院都有管辖权。

但是"原告就被告"的原则有时会给人民法院审理案件带来不便，或者会给当事人诉讼带来麻烦，根据《民事诉讼法》和最高人民法院的司法解释，"原告就被告"这一原则又有例外。涉及到城郊农民维护经济活动中权益的例外情况包括以下两种：①对被劳动教养的人提起的诉讼，由原告所在地的人民法院管辖，原告所在地与经常居住地不一致的，由原告经常居住地人民法院管辖。②对被监禁的人提起的诉讼，由原告所在地人民法院管辖，原告所在地与经常居住地不一致的，由原告经常居住地人民法院管辖。

2. 特殊地域管辖　除普通地域管辖以外，还有特殊地域管辖。特殊地域管辖，是以被告住所地、诉讼标的物所在地、法律事

实所在地为标准确定的法院管辖。特殊地域管辖主要有：①因合同纠纷提起的诉讼，由被告住所地或者合同履行地人民法院管辖。②因保险合同纠纷提起的诉讼，由被告住所地或保险标的物所在地人民法院管辖。③因票据纠纷提起的诉讼，由票据支付地或者被告所在地人民法院管辖。④因铁路、公路、水上、航空运输和联合运输合同纠纷提起的诉讼，由运输始发地、目的地或者被告住所地人民法院管辖。⑤因侵权行为提起的诉讼，由侵权行为地或者被告住所地人民法院管辖。⑥因铁路、公路、水上和航空事故请求损害赔偿提起的诉讼，由事故发生地或者车辆、船舶最先到达地、航空器最先降落地或者被告住所地人民法院管辖。⑦因船舶碰撞或者其他海事损害事故索赔提起的诉讼，由碰撞发生地、碰撞船舶最先到达地、加害船舶被扣留地或者被告住所地人民法院管辖。⑧因海难救助费用提起的诉讼，由救助地或者被救助船舶最先到达地人民法院管辖。⑨因共同海损提起的诉讼，由船舶最先到达地、共同海损理算地或者航程终止地的人民法院管辖。

对于城郊农民而言，前 6 种特殊地域管辖是经常遇到的，后 3 种发生的几率比较低。

(三)专属管辖

专属管辖是指法律规定某些案件只能由特定的法院来受理。凡是法律规定为专属管辖的诉讼一律由特定的法院管辖，地域管辖不再适用。在我国，涉及到城郊农民经济活动的专属管辖包括以下两种情况：①因不动产纠纷提起的诉讼，由不动产所在地人民法院管辖。这里的不动产是指土地以及土地上的房屋、森林、草原等等。②因港口作业中发生的纠纷提起的诉讼，由港口所在地人民法院管辖。

（四）协议管辖

协议管辖，是指当事人在发生纠纷前或发生纠纷后，以书面的方式约定由哪个法院来审理该案件。协议管辖是法律赋予当事人的重要诉讼权利，但并不是所有的民事诉讼案件都适用协议管辖。协议管辖只适用于应由第一审法院审理的合同纠纷案件。第二审法院审理的案件和第一审法院审理的合同纠纷以外的案件不能协商确定管辖法院。当事人可以选择的法院包括合同纠纷的被告住所地、合同履行地、合同签订地、原告住所地、合同标的物所在地的一审人民法院。

举案说法　合同纠纷的特殊管辖

【案情简介】　家住A县的农民崔某为了建造养猪厂与位于B县的某物资供销公司签订了购买钢材的合同。崔某付清货款后将该批钢材提出，但经过检验发现钢材质量不合格。崔某要求退货，但物资供销公司不同意。于是，崔某以产品质量纠纷起诉到A县人民法院，请求判令被告物资供销公司退还货款，赔偿损失。被告物资公司则提出管辖权异议，认为该案是购销合同纠纷而非产品质量纠纷，应由B县人民法院管辖。

【法理分析】　本案在管辖问题上争议的焦点是，本案究竟属于产品质量纠纷，还是标的物质量问题而产生的合同履行纠纷。如果认定为侵权纠纷，则本案可以由侵权行为地或者被告住所地人民法院管辖，A县是侵权行为地，则A县人民法院作为侵权行为地法院享有管辖权。如果认定为合同纠纷，则由被告住所地或者合同履行地人民法院管辖，也就是该案只能由作为被告住所地和合同履行地的B县人民法院来管辖。通过本案的事实经过来分析，崔某并未将该种钢材投入使用，并接引发财产损失或人身伤害，因而不是质量纠纷。该案件应是因为标的物质量问题引发的

合同纠纷。所以，该案件应由B县人民法院管辖。

十、民事起诉书的写法

城郊农民向人民法院提起民事诉讼时应当提交民事起诉书，也就是通常所说的诉状。

民事起诉书一般包括以下事项内容。

第一，当事人的姓名、性别、年龄、民族、职业、工作单位、住所、联系方式，法人或者其他组织的名称和住所、法定代表人或主要负责人的姓名、职务、联系方式。当事人情况按照原告、被告的顺序列出，原告由代理人代理诉讼的，列明代理人的姓名、性别、民族、职务、工作单位和住所、联系方式。

第二，诉讼请求、事实和理由。当事人应明确具体地列明要求法院支持的诉讼请求。事实与理由应条理清晰，说理透彻。

第三，证据和证据的来源，证人的姓名和住所。案件事实需要证据加以证明。在书写起诉书时，要提供证据证明自己的诉讼请求和理由。

第四，起诉书的末尾还要写明提交的人民法院的名称和起诉的时间，并由原告签名盖章。

十一、民事诉讼中的证据问题

民事诉讼中的证据问题主要是证据的类型和举证责任。

(一)民事诉讼中的证据

证据是用来证明案件真实情况的各种依据。城郊农民在诉讼过程中如果不能提供证据或者提供的证据不充分，那么诉讼请求就不能或者很难获得法院的支持。当事人向法院提供的证据材料有特殊的要求，综合起来说就是证据的合法性、关联性和客观性。证据的合法性是指证据的收集必须合法，不能采用非法手段取得证据，例如不能威逼他人做证。证据的关联性是指证据必须与争议的事项有关，能够证明案件的事实和理由。证据的客观性是指证据必须是客观存在的，而不是伪造或者经过篡改的。

民事诉讼中的证据有以下 7 种。

1. 书证 书证是以文字、符号、图形等来证明案件事实的证据，例如，合同书、借条、电报、图纸等。书证的真实性比较强，一般可以直接证明某种事实。

2. 物证 物证就是用作证据的物品。物证通常以物品的形状、规格、质量、损害程度等来证明案件事实，例如，买卖合同纠纷中质量有瑕疵的货物。

3. 视听资料 视听资料是指利用录音、录像、电子计算机储存的资料和数据来证明案件事实的证据。视听资料是随着电子技术的发展而广泛应用的证据。

4. 证人证言 证人证言是知晓案件事实的证人向法院所作的陈述。根据法律规定，凡是知道案件真实情况的单位和个人都有义务作证。除非确有困难不能出庭的，证人应一律出庭作证，并接受询问。

5. 当事人陈述 当事人陈述是当事人就案件的事实向法院所作的陈述。由于当事人与案件的审理结果有利害关系，当事人在陈述中就有可能夸大或缩小事实。所以，法院对只有本人陈述而不能提供其他相关证据证明的主张不能予以支持。

6. 鉴定结论 鉴定结论是指鉴定人运用专业知识和技术对案件中的专门性问题进行分析判断后作出的结论。例如，文书鉴定、工程鉴定、产品质量鉴定等等。

7. 勘验笔录 勘验笔录是审判人员在诉讼中对与争议有关的现场、物品进行查验、测量、拍照后制作的笔录。勘验笔录是审

判人员作为记录人取得的证据，它的证明作用比较强。

(二)举证责任

通俗地说，举证责任是提出主张的人应提供证据证明其主张，否则不会获得法院的支持，在法官无法判断事实的真伪时，具有举证责任的人如果不能提供证据证明就要承担败诉的后果。

关于由谁承担举证责任，我国基本上采用“谁主张，谁举证”的原则。例如，在合同纠纷案件中，主张合同关系成立并生效的一方要对合同已经订立并且生效的事实承担举证责任。

但是，“谁主张，谁举证”的原则也有例外，这就是举证责任倒置。举证责任倒置把应当由主张权利的一方当事人承担的举证责任，改由另一方当事人就该事实不存在负担举证责任。例如，张三提供证据证明李四侵害了他的权益是通常的“谁主张，谁举证”，而由李四证明他没有侵害张三的权利则是举证责任倒置。举证责任倒置主要发生在侵权诉讼中，城郊农民在经济活动中可能遇到的举证责任倒置主要是：

第一，因环境污染引起的损害赔偿诉讼，由加害人就行为与损害结果之间不存在因果关系承担举证责任。

第二，因新产品制造方法发明专利引起的专利侵权诉讼，由制造同样产品的单位或者个人对其产品制造方法不同于专利方法承担举证责任。

第三，因共同危险行为致人损害的侵权诉讼，由实施危险行为的人就其行为与损害结果之间不存在因果关系承担举证责任。

第四，对合同是否履行发生争议的，由负有履行义务的当事人承担举证责任。

第五，建筑物或者其他设施以及建筑物上的搁置物、悬挂物发生倒塌、脱落、坠落致人损害的侵权诉讼，由所有人或者管理人对其行为无过错承担举证责任。

举案说法　书证的复印件可否作为证据

【案情简介】　原告赵某和被告何某是某郊县农民，二人各投资1万元合伙做服装生意。散伙时，双方协商：所剩货物归被告所有，原告合伙时投资的1万元，由被告出具借据，转为被告向原告的借款。经过几次补充协议，被告共欠款1.7万元。由于被告资金周转困难，拖欠借款迟迟不还。原告向人民法院起诉，要求被告偿还借款本金17 000元及利息。但是在庭审中，原告由于将借据原件丢失，未能向法庭提交被告所写的借据，而仅仅提供了借据的复印件。除此之外没有其他证据证明原告所主张的事实和请求。对于这份借据，被告没有否认，只是主张原告所说的借款本金1.7万元中有1.2万元是货物折抵的价款，而非现金。

【法理分析】　本案的焦点是，民事诉讼中书证的复印件能否作为证据使用。《最高人民法院关于适用〈中华人民共和国民事诉讼法〉若干问题的意见》第七十八条规定："证据材料为复印件，提供人拒不提供原件或原件线索，没有其他材料可以印证，对方当事人又不予承认的，在诉讼中不得作为认定事实的根据。"如果当事人没有其他证据材料印证的，只要对方当事人不承认，该书证的复印件就没有法律效力的，《最高人民法院关于民事诉讼证据的若干规定》第六十九条也规定："无法与原件核对的复印件、复制品不能单独作为认定案件事实的依据。"原告赵某只提供了证据的复印件而没有提供其他证据，该复印件原本是没有法律效力的，但是被告认可了原告提供的书证的复印件，仅仅是对欠款的内容提出异议，所以该复印件可以作为认定借贷关系存在的证据。

十二、打二审民事官司要注意的问题

二审是当事人不服地方各级人民法院尚未生效的第一审裁

判、在法定期限内向上一级人民法院提起上诉、上一级法院对案件进行的审理。二审程序与一审程序在许多方面都是相似的，但城郊农民进入第二审程序要注意以下几个问题。

(一)提起二审程序需要上诉

上诉是当事人不服地方人民法院一审裁判、要求上一级人民法院撤销或者变更一审裁判的诉讼行为。提起上诉要满足以下几个条件。

第一，当事人合格。有权提起上诉的是一审裁决中的当事人。

第二，法律允许对一审裁判上诉。允许上述的裁判包括：一审人民法院的判决；不予受理、驳回起诉、对管辖权异议的裁定；对发回重审案件所作出的判决和驳回起诉的裁定；按照一审程序再审案件的判决和驳回起诉的裁定。

第三，必须在法定的期限内提出上诉。上诉的法定期限是：判决送达之日起 15 日，裁定送达之日起 10 日。

第四，上诉必须一审法院或上一级法院提交书面上诉状，而不能用口头方式上诉。

(二)当事人在撤回上诉前要慎重考虑

在一审中，如果当事人撤回起诉，还有机会再提起诉讼。而上诉一旦撤回，当事人就不再有上诉的权利，一审裁判马上生效。因此，在撤回上诉前城郊农民必须要慎重，不可草率行事。

(三)对于二审法院发回重审的案件当事人仍然可以上诉

二审法院对于一审法院错误的裁判，可以直接进行改判，也可以发回一审法院重审。对于发回一审法院重审的案件，当事人仍然享有上诉的权利。对此，城郊农民不要忽视，如果认为重审的裁判还有错误，他仍然有权上诉。

十三、申请法院强制执行

在城郊农民获得法院的胜诉判决后，或者取得了其他可以要求对方履行义务的文书后，在很多情况下对方当事人会自动履行义务，城郊农民的合法经济权益也就得以维护。但在有些情况下，对方当事人即使败诉，仍然拒绝履行义务。此时，城郊农民若想获得最终的结果，最好的办法就是申请强制执行。强制执行是法院在判决败诉的当事人不自动履行义务的情况下，根据权利人的申请，采取措施强制当事人履行义务的活动。

（一）强制执行的申请

1. 执行的根据 城郊农民申请法院强制执行必须有执行的根据。这里所说的执行根据包括法院的生效判决、裁定、调解书、支付令，或者仲裁机构的裁决、公证机关公证的债权文书等。

2. 申请执行的法院 申请对法院的裁判进行强制执行应当向一审法院提出，申请强制执行其他机关的文书一般应向被申请人住所地的法院或被执行财产所在地的法院提出。

3. 申请执行的时间限制 申请强制执行的案件中，如果双方或一方当事人是公民的，申请执行的期限为 1 年；双方是法人或者其他组织的，申请执行的期限为 6 个月。申请执行的期限从法律文书规定的履行期限的最后一日起算。超过此期限申请的，法院将驳回该申请，城郊农民应对执行期限给予高度重视。

（二）法院可以采取的执行措施

第一，冻结、划拨存款，扣留、提取工资、奖金。人民法院可以向银行、信用社和其他有储蓄业务的金融机构查询、冻结、划拨被执行人的存款；也可以扣留、提取被执行人的工资、奖金等收入。

第二，查封、扣押、冻结、拍卖、变卖、搜查。人民法院可以查封、扣押、冻结被执行人的财产，也可以拍卖、变卖被执行人的财产。

第三，强制被执行人交付法律文书指定的财物或票证。

第四，强制被执行人迁出房屋或者退出土地。

第五，强制被执行人履行法律文书指定的行为，如果义务人仍然拒不履行，法院可以委托其他人完成，但费用由被执行人负担。

第六，对于知识产权等无形财产可以禁止转让、拍卖、变卖其中的财产权。

第七，禁止支付被执行人应得的到期股息或红利等，或者裁定予以转让。

第八，强制被执行人加倍支付迟延履行利息和迟延履行金。

第九，如果义务人对第三人享有到期债权，法院可以向第三人发出履行到期债务的通知，要求第三人在收到通知后的 15 日内向申请执行人履行债务。

举案说法　被执行人的债权可以作为执行财产

【案情简介】　村民葛某与胡某签订了一份借款合同书，合同书约定，胡某借给葛某人民币 10 万元用于发展养殖业的资金，期限 2 年。借款到期后，葛某没有按照合同约定偿还借款及利息，胡某向人民法院提起诉讼。法院经审理判决葛某偿付胡某借款 10 万元及借款利息。判决后，葛某没有上诉，但也没有自动履行还款义务。于是，胡某向法院申请执行。法院在执行中查明：被执行人葛某，经营状况不好，已经没有资金还款。但是，葛某却对第三人孙某享有 12 万元到期债权。

【法理分析】　本案的债权债务关系很清楚，被执行人葛某已经没有资金还款，但是他却对孙某享有到期债权。《最高人民法院关于适用〈中华人民共和国民事诉讼法〉若干问题的意见》第 300

条规定:“被执行人不能清偿债务,但对第三人享有到期债权的,人民法院可依申请执行人的申请,通知该第三人向申请执行人履行债务。该第三人对债务没有异议但又在通知指定的期限内不履行的,人民法院可以强制执行。”《最高人民法院关于人民法院执行工作若干问题的规定(试行)》第六十一条第一款规定:“被执行人不能清偿债务,但对本案以外的第三人享有到期债权的,人民法院可以依申请执行人或被执行人的申请,向第三人发出履行到期债务的通知。履行通知必须直接送达第三人。”因此,在本案中,执行法院可以依法向孙某送达履行到期债务通知书,通知其在规定期限内直接向本案申请执行人胡某履行 10 万元到期债务,不得向被执行人葛某履行。

参考文献

1. 王利明等著．合同法．北京:中国人民大学出版社,2002年3月版

2. 陈小君主编．合同法学．北京:高等教育出版社,2003年10月版

3. 邓辉,许步国主编．合同法学．北京:中国民主法制出版社,2004年8月版

4. 王利明主编．合同法要义与案例析解．北京:中国人民大学出版社,2001年4月版。

5．以案说法——合同法．北京:中国社会出版社,2002年10月版

6. 江伟主编．民事诉讼法．北京:高等教育出版社、北京大学出版社,2003年6月版

7. 汤维建主编．民事诉讼法案例分析．北京:中国人民大学出版社,2002年10月版

8. 郑永流,马协华,高其才,刘茂林．农民法律意识与农村法律发展．北京:中国政法大学出版社,2004年3月第1版

与青贮技术 6.00元

玉米科学施肥技术 8.00元

怎样提高玉米种植效益 10.00元

玉米良种引种指导 11.00元

玉米标准化生产技术 10.00元

玉米病虫害及防治原色图册 17.00元

玉米植保员培训教材 9.00元

小麦农艺工培训教材 8.00元

小麦标准化生产技术 10.00元

小麦良种引种指导 9.50元

小麦丰产技术(第二版) 6.90元

优质小麦高效生产与综合利用 7.00元

小麦地膜覆盖栽培技术问答 4.50元

小麦科学施肥技术 9.00元

小麦植保员培训教材 9.00元

小麦条锈病及其防治 10.00元

小麦病害防治 4.00元

小麦病虫害及防治原色图册 15.00元

麦类作物病虫害诊断与防治原色图谱 20.50元

玉米高粱谷子病虫害诊断与防治原色图谱 21.00元

黑粒高营养小麦种植与加工利用 12.00元

大麦高产栽培 3.00元

荞麦种植与加工 4.00元

谷子优质高产新技术 5.00元

高粱高产栽培技术 3.80元

甜高粱高产栽培与利用 5.00元

小杂粮良种引种指导 10.00元

小麦水稻高粱施肥技术 4.00元

黑豆种植与加工利用 8.50元

大豆农艺工培训教材 9.00元

怎样提高大豆种植效益 8.00元

大豆栽培与病虫害防治(修订版) 10.50元

大豆花生良种引种指导 10.00元

现代中国大豆 118.00元

大豆标准化生产技术 6.00元

大豆植保员培训教材 8.00元

大豆病虫害诊断与防治原色图谱 12.50元

大豆病虫草害防治技术 5.50元

大豆胞囊线虫及其防治 4.50元

大豆病虫害及防治原色图册 13.00元

绿豆小豆栽培技术 1.50元

豌豆优良品种与栽培技术 4.00元

蚕豆豌豆高产栽培 5.20元

甘薯栽培技术(修订版) 6.50元

甘薯生产关键技术100题 6.00元

甘薯产业化经营 22.00元

彩色花生优质高产栽培技术 10.00元

花生高产种植新技术(修订版) 9.00元

花生高产栽培技术 5.00元

花生标准化生产技术 11.00元

花生病虫草鼠害综合防治新技术　12.00元
优质油菜高产栽培与利用　3.00元
双低油菜新品种与栽培技术　9.00元
油菜芝麻良种引种指导　5.00元
油菜农艺工培训教材　9.00元
油菜植保员培训教材　10.00元
芝麻高产技术(修订版)　3.50元
黑芝麻种植与加工利用　11.00元
花生大豆油菜芝麻施肥技术　4.50元
花生芝麻加工技术　4.80元
蓖麻高产栽培技术　2.20元
蓖麻栽培及病虫害防治　7.50元
蓖麻向日葵胡麻施肥技术　2.50元
油茶栽培及茶籽油制取　12.00元
棉花植保员培训教材　8.00元
棉花农艺工培训教材　10.00元
棉花高产优质栽培技术(第二次修订版)　10.00元
棉铃虫综合防治　4.90元
棉花虫害防治新技术　4.00元
棉花病虫害诊断与防治原色图谱　22.00元
图说棉花无土育苗无载体裸苗移栽关键技术　10.00元
抗虫棉栽培管理技术　5.50元
怎样种好Bt抗虫棉　4.50元
棉花病害防治新技术　5.50元
棉花病虫害防治实用技术　5.00元
棉花规范化高产栽培技术　11.00元
棉花良种繁育与成苗技术　3.00元
棉花良种引种指导(修订版)　13.00元
棉花育苗移栽技术　5.00元
彩色棉在挑战——中国首次彩色棉研讨会论文集　15.00元
特色棉花高产优质栽培技术　11.00元
棉花红麻施肥技术　4.00元
棉花病虫害及防治原色图册　13.00元
棉花盲椿象及其防治　10.00元
亚麻(胡麻)高产栽培技术　4.00元
葛的栽培与葛根的加工利用　11.00元
甘蔗栽培技术　6.00元
甜菜甘蔗施肥技术　3.00元
甜菜生产实用技术问答　8.50元
烤烟栽培技术　11.00元
药烟栽培技术　7.50元
烟草施肥技术　6.00元
烟草病虫害防治手册　11.00元
烟草病虫草害防治彩色图解　19.00元
米粉条生产技术　6.50元